floraneuch (ed./Hrsg.)

CARNET 400

www.floraneuch.ch

Haupt
NATUR

floraneuch (ed./Hrsg.)

Isaline Mercerat
Maiann Suhner
Helena Meichtry
Anne-Laure Maire
Magali Matteodo
Marylaure de La Harpe

CARNET 400

Préparation au Certificat botanique « Iris »
Vorbereitung für das Botanik-Zertifikat «Iris»

Haupt Verlag

Les **25 familles** et *40 genres* du Certificat « Iris » classés par ordre alphabétique des familles de plantes (Les familles entre parenthèse ne sont pas à connaître pour le certificat).

Die **25 Familien** und *40 Gattungen* des Zertifikats «Iris» alphabetisch geordnet nach Pflanzenfamilien (Familien in Klammern gehören nicht zum Prüfungsstoff).

Table des matières | Inhaltsverzeichnis

Introduction | Einführung 6
Légende | Legende 7
(Amaryllidaceae)
Allium 8
Apiaceae 9
Asteraceae 10
Asteroideae
Achillea 11
Artemisia 12
Carduoideae
Carduus 13
Centaurea 14
Cirsium 15
Cichorioideae
Crepis 16
Hieracium 17
Betulaceae 18
Boraginaceae 19
Brassicaceae 20
Cardamine 21
Campanulaceae 22
Campanula 23
Phyteuma 24
Caryophyllaceae 25
Alsinoideae
Cerastium 26
Stellaria 27
Silenoideae
Dianthus 28
Silene 29
Cyperaceae 30
Carex 31
Eriophorum 32
(Euphorbiaceae)
Euphorbia 33
Fabaceae 34
Lathyrus 35
Medicago 36
Melilotus 37
Trifolium 38
Vicia 39
Fagaceae 40
Gentianaceae 41
Geraniaceae 42
Geranium 43
Juncaceae 44
Juncus 45
Luzula 46
Lamiaceae 47
Lamium 48
Orchidaceae 49
(Orobanchaceae)
Orobanche 50
Pinaceae 51
Poaceae 52
Bromus 53
Lolium 54
Poa 55
(Plantaginaceae)
Plantago 56
Veronica 57
Polygonaceae 58
Primulaceae 59
Ranunculaceae 60
Ranunculus 61
Rosaceae 62
Maloideae
Sorbus 63
Prunoideae
Prunus 64
Rosoïdeae
Potentilla 65
Rubiaceae 66
Galium 67
Salicaceae 68
Populus 69
Salix 70
Solanaceae 71
Violaceae 72
Formules florales | Blütenformeln 73
Liste 400 par familles | nach Familien 75
Liste 400 alphabétique | alphabetisch 81
Autrices | Autorinnen 92
Bibliographie | Bibliografie 94
Remerciements | Danksagung 95

Introduction | Einführung

Le ***Carnet 400*** rassemble les connaissances théoriques requises pour le Certificat 400 « Iris » de la Société Botanique Suisse (SBS), soit les critères des 25 familles et 40 genres, le tout dans un format pratique d'utilisation. Cet ouvrage didactique et illustré par des croquis botaniques a été développé par les organisatrices des cours et excursions botaniques www.floraneuch.ch.

L'observation précise des plantes et de leurs critères morphologiques est une étape clé dans l'apprentissage de la botanique. Nous vous recommandons d'utiliser cet ouvrage sur le terrain et d'en assimiler le contenu en le complétant par vos propres observations des plantes. Nous espérons qu'il vous accompagnera agréablement durant la préparation du Certificat 400 et plus encore, dans l'émerveillement face à la beauté et la diversité des plantes.

Vous trouverez à la fin de ce livre les sources et références qui peuvent compléter l'apprentissage et qui nous ont servi de précieux puits d'informations.

Das ***Carnet 400*** vereint die theoretischen Kenntnisse, die für das Zertifikat 400 «Iris» der Schweizerischen Botanischen Gesellschaft (SBG) erforderlich sind: die Merkmale für die 25 Familien und 40 Gattungen. Dieses praktische Büchlein, didaktisch aufbereitet und mit botanischen Skizzen illustriert, wurde von den Organisatorinnen der botanischen Kurse und Exkursionen www.floraneuch.ch entwickelt.

Das präzise Beobachten der Pflanzen mit ihren morphologischen Merkmalen ist eine Kernkompetenz für das Erlernen der Botanik. Wir empfehlen, dieses Büchlein mit ins Feld zu nehmen und seinen Inhalt mit eigenen Pflanzenbeobachtungen zu ergänzen. Wir hoffen, dass das *Carnet 400* Sie während der Vorbereitung für das Zertifikat 400, sowie beim Staunen über die Schönheit und Vielfalt der Pflanzen begleiten wird.

Im Schlussteil dieses Buches finden Sie Quellen und Literaturangaben, die das Lernen ergänzen können und die uns als wertvolle Informationsquellen gedient haben.

Légende | Legende

Pictogrammes | Piktogramm

Feuilles
Blätter

Inflorescence
Blütenstand

Fleur
Blüte

Étamines
Staubblätter

Carpelle
Fruchtblatt

Fruit
Frucht

Espèces Certificat 400
Arten des Zertifikats 400

Remarques
Bemerkungen

Genre
Gattung

Famille
Familie

Sous-famille
Unterfamilie

Formule florale | Blütenformel

Les formules florales sont issues de l'ouvrage Connaissances botaniques de base en un coup d'œil – 40 familles de plantes d'Europe centrale (Fragnière & Co. Haupt Verlag, 2020).

Die Blütenformeln stammen aus Botanische Grundkenntnisse auf einen Blick – 40 mitteleuropäische Pflanzenfamilien (Fragnière & Co. Haupt Verlag, 2020).

Une formule florale décrit la structure d'une fleur.
Eine Blütenformel beschreibt die Struktur einer Blüte.

Fleur à symétrie radiale
Blüte radiärsymmetrisch

5 étamines libres
5 freie Staubblätter

Ovaire infère
Fruchtknoten unterständig

Campanulaceae: ✻ S(5) • P(5) • E 5 • C(3)

5 sépales soudés
5 verwachsene Kelchblätter

5 pétales soudés
5 verwachsene Kronblätter

3 carpelles soudés
3 verwachsene Fruchtblätter

Fleur actinomorphe (nombreux axes de symétrie)
Radiärsymmetrische Blüte (mehrere Symmetrieachsen)

Fleur zygomorphe (un seul axe de symétrie)
Monosymmetrische Blüte (nur eine Symmetrieachse)

Abréviations botaniques | Botanische Abkürzungen

aggr. **Agrégat, complexe d'espèces** | Sammelart, Aggregat

subsp. **Sous-espèce** | Unterart

sp. **Espèce non définie d'un genre** | Unbestimmte Art einer Gattung
Exemple | Beispiel : *Hieracium* sp.

spp. **Plusieurs espèces d'un même genre** | Mehrere Arten einer Gattung
Exemple | Beispiel : *Hieracium* spp.

Allium

6 tépales libres
6 freie Perigonblätter

Ovaire supère
Fruchtknoten oberständig

Capsule fermée
Geschlossene Kapsel

Capsule ouverte
Geöffnete Kapsel

Allium ursinum

Ail	Lauch
Feuilles gén. basales, planes, canaliculées ou cylindriques.	Blätter meist grundständig, flach, gekielt oder röhrenförmig.
Inflorescence en ombelle. Avant la floraison, une spathe membraneuse enveloppe l'inflorescence.	Blütenstand eine Dolde. Vor dem Blühen umgibt eine häutige Blütenscheide (Spatha) den Blütenstand.
6 tépales libres. Fleurs blanches, roses ou violettes.	6 freie Perigonblätter. Blüten weiss, rosa oder violett.
6 étamines (3 étamines chez les Iridacées).	6 Staubblätter. (3 bei der Familie der Irisgewächse).
3 carpelles soudés. Ovaire supère (*Allium*). PS : ovaire infère chez *Galanthus*, *Leucojum* et *Narcissus*.	3 verwachsene Fruchtblätter. Fruchtknoten oberständig (*Allium*) PS: Fruchtknoten unterständig bei *Galanthus*, *Leucojum*, *Narcissus*.
Capsule.	Kapsel.
Plantes à bulbe. Odeur caractéristique (ail, oignon). Chez certaines espèces, une partie des fleurs est remplacée par des bulbilles.	Pflanzen mit Zwiebeln (Bulbus). Charakteristischer Knoblauchgeruch. Bei manchen Arten wachsen im Blütenstand Brutzwiebelchen.

400 – *Allium ursinum*

Apiaceae

Apiacées	Doldenblütler
Feuilles alternes, gén. à plusieurs niveaux de divisions (bi-tripennatiséquées). Base du pétiole renflée et formant une gaine entourant la tige.	Blätter wechselständig, meist mehrfach (zwei- bis dreifach) fiederschnittig. Blattstiel am Grund erweitert und den Stängel umgebend.
Inflorescence en ombelle composée d'ombellules, rarement en ombelle simple. Parfois bractées à la base des ombelles et/ou bractéoles à la base des ombellules.	Blütenstand eine Doppeldolde mit Döldchen, selten eine einfache Dolde. Manchmal Hüllblätter unter der Dolde und/oder Hüllchenblätter unter den Döldchen.
5 sépales très réduits ou absents, 5 pétales libres. Les fleurs périphériques ont parfois des pétales élargis.	5 stark reduzierte oder fehlende Kelchblätter, 5 freie Kronblätter. Die äusseren Blüten haben manchmal verlängerte Kronblätter.
5 étamines.	5 Staubblätter.
2 carpelles soudés. Ovaire infère.	2 verwachsene Fruchtblätter. Fruchtknoten unterständig.
Schizocarpe constitué de 2 akènes.	Spaltfrucht aus 2 Achänen.
Tige creuse souvent cannelée ou striée. Plantes herbacées, souvent aromatiques, parfois toxiques.	Stängel hohl, oft gerillt oder gerippt. Oft aromatische Krautpflanzen, manchmal giftig.

400

- *Aegopodium podagraria*
- *Anthriscus sylvestris*
- *Astrantia major*
- *Carum carvi*
- *Chaerophyllum hirsutum*
- *Daucus carota*
- *Heracleum sphondylium*
- *Laserpitium latifolium*
- *Laserpitium siler*
- *Peucedanum ostruthium*
- *Sanicula europaea*

Pétiole renflé
Blattstiel bauchig

Heracleum sphondylium

S(5) • P5 • E5 • C(2)

Asteraceae

Asteracées	Korbblütler
Feuilles gén. alternes, indivises ou 1–3 fois pennatiséquées. Parfois rosette basale.	Blätter meist wechselständig, ungeteilt oder 1–3fach fiederteilig. Manchmal grundständige Rosette.
Inflorescence en capitule entouré d'un involucre de bractées.	Blütenstand ein Körbchen, umgeben von Hüllblättern.
Fleurs petites, actinomorphes (fleurs tubulées) ou zygomorphes (fleurs ligulées). Sépales absents ou réduits à des soies, formant à maturité une aigrette (= pappus) sur le fruit. Parfois paillettes en forme de soies ou de bractées, réparties sur le réceptacle entre les fleurs.	Büten klein, radiärsymmetrisch (Röhrenblüten) oder monosymmetrisch (Zungenblüten). Kelchblätter fehlend oder reduziert zu Haaren (= Pappus). Manchmal häutige oder borstenförmige Spreublätter auf dem Blütenboden zwischen den Blüten.
5 étamines, anthères soudées en manchon traversé par le style (mais les filets sont libres).	5 Staubblätter, Staubbeutel zu einer Röhre verwachsen, die vom Griffel durchdrungen wird. Staubfäden frei.
2 carpelles soudés. Ovaire infère.	2 verwachsene Fruchtblätter. Fruchtknoten unterständig.
Akène nu ou surmonté d'une aigrette (= pappus).	Achäne mit oder ohne Pappushaare.
2ème plus grande famille de plantes (env. 25'000 espèces).	Zweitgrösste Pflanzenfamilie der Welt (ca. 25'000 Arten).

400

- *Achillea millefolium*
- *Adenostyles alliariae*
- *Adenostyles alpina*
- *Artemisia* spp.
- *Bellis perennis*
- *Carduus personata*
- *Centaurea* spp.
- *Cichorium intybus*
- *Cirsium* spp.
- *Crepis* spp.
- *Erigeron annuus*
- *Eupatorium cannabinum*
- *Hieracium* spp.
- *Lapsana communis*
- *Leontodon hispidus*
- *Leucanthemum vulgare*
- *Matricaria chamomilla*
- *Matricaria discoidea*
- *Petasites albus*
- *Petasites hybridus*
- *Prenanthes purpurea*
- *Senecio vulgaris*
- *Solidago canadensis*
- *Solidago gigantea*
- *Solidago virgaurea*
- *Sonchus oleraceus*
- *Taraxacum officinale* aggr.
- *Tragopogon pratensis*
- *Tussilago farfara*

Tableau comparatif des sous-familles Vergleichstabelle der Unterfamilien

Asteroideae *Artemisia, Achillea*	Carduoideae *Carduus, Centaurea, Cirsium*	Chicorioideae *Crepis, Hieracium*
Fleurs toutes tubulées ou tubulées et ligulées, gén. terminées par 3 dents. Sans latex. Nur Röhrenblüten, oder Röhren- und Zungenblüten, mit 3 Zipfeln. Ohne Milchsaft.	**Fleurs toutes tubulées. Sans latex. Paillettes sur le réceptacle.** Nur Röhrenblüten. Ohne Milchsaft. Mit Spreublättern zwischen den Blüten.	**Fleurs toutes ligulées terminées par 5 dents. Avec latex.** Nur Zungenblüten mit 5 Zipfeln. Mit Milchsaft.

✱ ou ✱ S 5 • P(5) • E 5 • C$\overline{(2)}$

Achillea

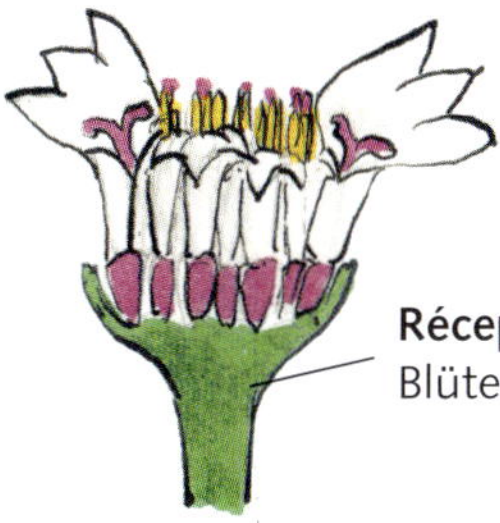

Réceptacle
Blütenboden

Capitule petit
Körbchen klein

Achillea millefolium

Fleur tubulée
Röhrenblüte

Fleur ligulée
Zungenblüte

Achillée	Schafgarbe
Feuilles gén. bi-tripennatiséquées.	Blätter meist 2–3fach fiederteilig.
Inflorescence en corymbe composée de petits capitules pauciflores.	Blütenstand eine Schirmrispe aus kleinen, wenigblütigen Körbchen.
Fleurs blanchâtres, jaunâtres ou rosâtres. Fleurs internes : tubulées, courtes. Fleurs externes : ligulées, aussi longues que larges.	Blüten weisslich, gelblich oder rosa. Innere Blüten: kurze Röhrenblüten. Äussere Blüten: Zungenblüten so lang wie breit.
Akène dépourvu d'aigrette.	Achäne ohne Pappus.
Plantes souvent aromatiques.	Pflanzen oft aromatisch.

400 – *Achillea millefolium*

Artemisia

Akène sans aigrette
Achäne ohne Pappus

Capitule petit
Körbchen klein

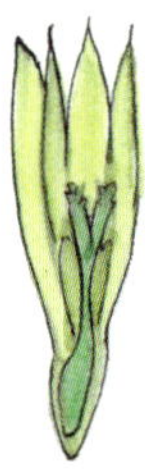

Fleur tubulée
Röhrenblüte

Artemisia absinthium

Armoise	Wermut
Feuilles 1–3 fois pennatiséquées.	Blätter 1–3fach fiederteilig.
Inflorescence en grappe ou panicule, composée de nombreux petits capitules.	Blütenstand eine Traube oder Rispe aus zahlreichen kleinen Körbchen.
Fleurs toutes tubulées.	Nur Röhrenblüten.
Akène dépourvu d'aigrette.	Achäne ohne Pappus.
Plantes souvent aromatiques.	Pflanzen oft aromatisch.

400
- *Artemisia absinthium*
- *Artemisia campestris*
- *Artemisia vulgaris*

Carduus

Paillettes sur le réceptacle
Spreublätter auf Blütenboden

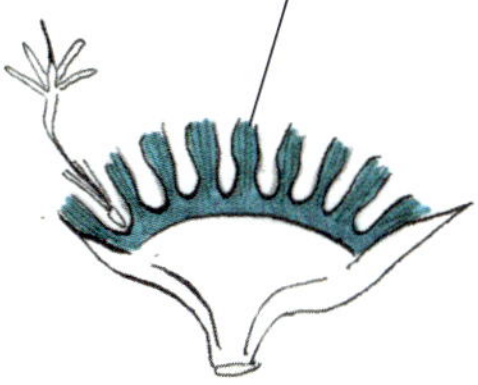

Capitule
Körbchen

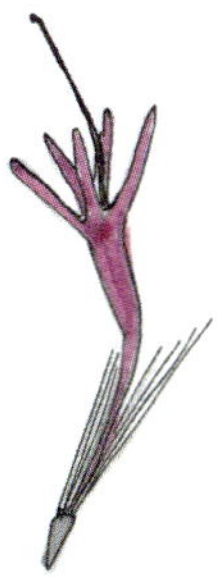

Fleur tubulée
Röhrenblüte

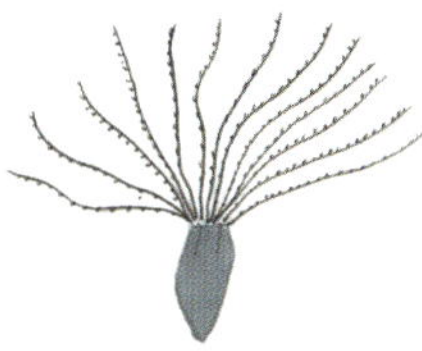

Soies de l'aigrette scabres
Gezähnelte Pappushaare

Carduus personata

Chardon	Distel
Feuilles à dents épineuses, tige ailée épineuse.	Blätter mit stacheligen Zähnen, Stängel stachelig geflügelt.
Bractées de l'involucre piquantes.	Hüllblätter der Körbchen stachelig.
Fleurs toutes tubulées, roses à pourpres.	Nur Röhrenblüten. Rosa bis purpurn.
Akène avec aigrette. Soies scabres, non plumeuses.	Achäne mit Pappus. Pappushaare ungefiedert, aber fein gezähnelt.

400 – *Carduus personata*

Centaurea

Capitule fermé
Geschlossenes Körbchen

Bractée de l'involucre
Hüllblatt des Körbchens

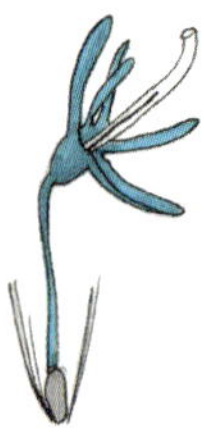

Fleur tubulée interne
Innere Röhrenblüte

Fleur tubulée externe
Äussere Röhrenblüte

Akène à aigrette courte
Achäne mit kurzem Pappus

Centaurea cyanus

Centaurée	Flockenblume
Feuilles non piquantes, indivises à bipennatiséquées.	Blätter nicht stachelig, ungeteilt bis zweifach fiederteilig.
Bractées de l'involucre à bord scarieux, souvent surmontées d'un appendice.	Hüllblätter des Körbchens mit häutigem Rand, oft mit Hüllblattanhängsel.
Fleurs toutes tubulées, les périphériques stériles, nettement plus grandes et ressemblant à des fleurs ligulées.	Nur Röhrenblüten, die äusseren steril und deutlich grösser als die inneren, Zungenblüten nachahmend.
Akène dépourvu d'aigrette ou à aigrette très courte.	Achäne ohne oder mit sehr kurzem Pappus.

400

- *Centaurea cyanus*
- *Centaurea jacea*
- *Centaurea montana*
- *Centaurea scabiosa*

Cirsium

Dents épineuses
Zähne stachelig

Akène à soies plumeuses
Achäne mit gefiederten Pappushaaren

Cirsium arvense

Cirse	Kratzdistel
Feuilles à dents épineuses. Tige non épineuse.	Blätter mit stacheligen Zähnen. Stängel ohne Stacheln.
Bractées de l'involucre piquantes.	Hüllblätter der Körbchen stachelig.
Fleurs toutes tubulées, roses à pourpres ou jaune clair.	Nur Röhrenblüten. Rosa bis purpurn oder hellgelb.
Akène avec aigrette. Soies plumeuses.	Achäne mit Pappus. Pappushaare gefiedert.
Le critère des soies plumeuses de l'aigrette se voit déjà pendant la floraison, en exposant les akènes à une source de chaleur.	Die gefiederten Pappushaare sind bereits während der Blüte erkennbar, wenn man einzelne Achänen warm anhaucht.

400
– *Cirsium arvense*
– *Cirsium oleraceum*

Crepis

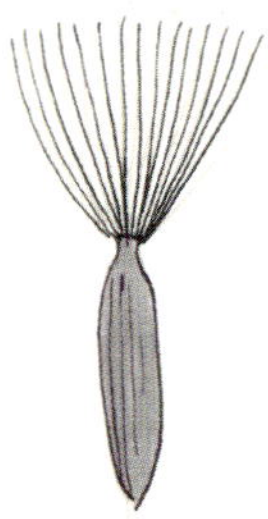

Akène atténué au sommet
Achäne oben verschmälert

Crepis biennis

Crépide	Pippau
Bractées de l'involucre gén. sur 2 rangs.	Hüllblätter meist zweizeilig angeordnet.
Fleurs toutes ligulées, gén. jaunes.	Nur Zungenblüten, meist gelb.
Akène atténué au sommet ou prolongé en bec, avec aigrette. Soies blanches, scabres, souples, non cassantes.	Achäne oben verschmälert oder in einen Schnabel verlängert, mit Pappus. Pappushaare weiss, rau, biegsam, nicht brüchig.

400
- *Crepis biennis*
- *Crepis capillaris*

Hieracium

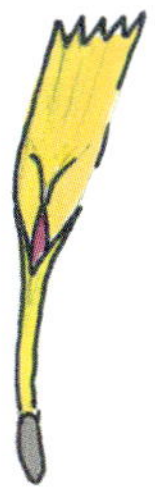

Fleur ligulée
Zungenblüte

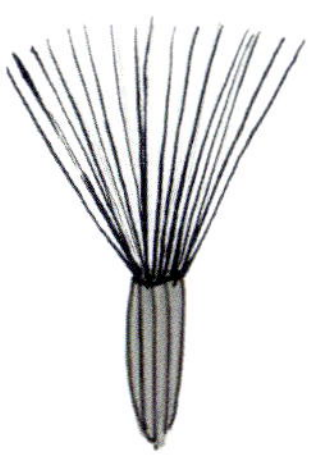

Akène sans bec
Achäne ohne Schnabel

Hieracium pilosella

Épervière	Habichtskraut
Feuilles gén. pubescentes.	Blätter meist behaart.
Bractées de l'involucre gén. sur plusieurs rangs se recouvrant.	Hüllblätter meist mehrzeilig angeordnet, sich überlappend.
Fleurs toutes ligulées, gén. jaunes.	Nur Zungenblüten, meist gelb.
Akène sans bec, avec aigrette. Soies blanc sale cassantes.	Achäne ohne Schnabel, mit Pappus. Pappushaare schmutzig weiss, brüchig.
La présence ou non d'une rosette basale et le nombre de feuilles caulinaires sont des critères de détermination.	Das Vorhandensein einer grundständigen Rosette sowie die Anzahl Stängelblätter sind Bestimmungsmerkmale.

400
– *Hieracium murorum aggr.*
– *Hieracium pilosella*

Betulaceae

Bétulacées	Birkengewächse
Feuilles alternes. Stipules caduques.	Blätter wechselständig. Nebenblätter früh abfallend.
Fleurs mâles gén. en chatons pendants, fleurs femelles en chatons dressés. Fleurs unisexuées petites et peu visibles, regroupées par 2–3 à l'aisselle d'une ou plusieurs bractées (écailles). Périanthe absent ou réduit.	Männliche Blüten meist in hängenden Kätzchen, weibliche Blüten in aufrechten Kätzchen. Blüten eingeschlechtlich, klein und unscheinbar, zu 2–3 in einem oder mehreren Tragblättern. Blütenhülle reduziert oder fehlend.
2–4 étamines.	2–4 Staubblätter.
2 carpelles soudés. Ovaire infère.	2 verwachsene Fruchtblätter. Fruchtknoten unterständig.
Différents types de fruits.	Verschiedene Fruchttypen.
Arbres et arbustes monoïques. Pollinisation par le vent.	Bäume und Sträucher einhäusig. Blüten windbestäubt.

400

- *Alnus glutinosa*
- *Alnus incana*
- *Betula pendula*
- *Carpinus betulus*
- *Corylus avellana*

Akènes ailés, réunis dans un chaton cylindrique.

Betula

Geflügelte Achänen in zylindrischen Kätzchen.

Akènes ailés, rangés dans un cône lignifié.

Alnus

Geflügelte Achänen in verholzten Zäpfchen.

Akènes dans un involucre foliacé allongé, réunis en chaton lâche pendant.

Carpinus

Achäne von einer langgezogenen häutigen Hülle umgeben, in lockeren hängenden Kätzchen.

Akènes à paroi très dure et épaisse dans une enveloppe foliacée (noisette).

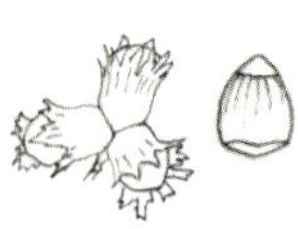

Corylus

Achäne mit einer dicken harten Schale in einer häutigen Hülle (Haselnuss).

Fleur / Blüte ♂: ✳ T 0-6 • E 1-4   Fleur / Blüte ♀: ✳ T 0-6 • C $\overline{(2)}$

Boraginaceae

Boraginacées	Raublattgewächse
Feuilles alternes.	Blätter wechselständig.
Inflorescence en cyme unipare scorpioïde.	Blütenstand ein einseitiger Schraubel.
5 sépales gén. soudés, 5 pétales soudés bleu à rose. Présence d'appendices à l'extrémité du tube corollaire (écailles de la gorge).	5 meist verwachsene Kelchblätter, 5 verwachsene Kronblätter, meist bläulich bis rosa. Krönchen (Schuppen) am Ausgang der Kronröhre.
5 étamines soudées au tube de la corolle.	5 mit den Kronblättern verwachsene Staubblätter.
2 carpelles soudés, chacun divisé en 2 loges. Ovaire supère.	2 verwachsene Fruchtblätter, die sich je in 2 Kammern zweiteilen. Fruchtknoten oberständig.
Tétrakène (4 nucules sphériques au fond du calice, comme chez les Lamiaceae).	4-teilige Achäne (4 rundliche Nüsschen am Grund des Kelchs, s. auch Lamiaceae).
Tige ronde. Plante souvent couverte de poils rudes.	Stängel rund. Ganze Pflanze oft rau behaart.

400

- *Echium vulgare*
- *Myosotis arvensis*
- *Pulmonaria obscura*
- *Symphytum officinale*

Cyme scorpioïde
Schraubel

Tétrakène
4-teilige Achäne

Myosotis arvensis

S 5 • P 5 • E 5 • C 2

Brassicaceae

Brassicacées	Kreuzblütler
Feuilles alternes, ± découpées jusqu'à paraître composées-pennées.	Blätter wechselständig, fiederlappig bis ± gefiedert.
Inflorescence gén. en grappe.	Blütenstand meist eine Traube.
4 sépales, 4 pétales en croix (d'où l'ancien nom de la famille : Crucifères).	4 Kelchblätter, 4 Kronblätter, ein Kreuz bildend (Kreuzblütler).
6 étamines (2 courtes, 4 longues).	6 Staubblätter (2 kurze, 4 lange).
2 carpelles soudés. Ovaire supère.	2 verwachsene Fruchtblätter. Fruchtknoten oberständig.
Capsule bivalve avec cloison centrale: silique (longueur > 3x largeur) ou silicule (longueur = 1–3x largeur), s'ouvrant de bas en haut.	2-kammrige Kapsel mit Scheidewand: Schote (3x länger als breit) oder Schötchen (1–3x so lang wie breit) die sich von unten nach oben öffnet.
Odeur et goût soufrés caractéristiques. La plupart des Brassicacées sont comestibles (feuilles, fleurs, fruit).	Charakteristisch schwefliger Geruch und Geschmack. Die meisten Kreuzblütler sind essbar (Blätter, Blüten, Frucht).

400

- *Alliaria petiolata*
- *Arabidopsis thaliana*
- *Capsella bursa-pastoris*
- *Cardamine heptaphylla*
- *Cardamine hirsuta*
- *Cardamine pratensis*
- *Lunaria annua*
- *Sinapis arvensis*
- *Thlaspi arvense*

ou | oder S 2+2 • P 2+2 • E 2+4 • C(2)

Cardamine

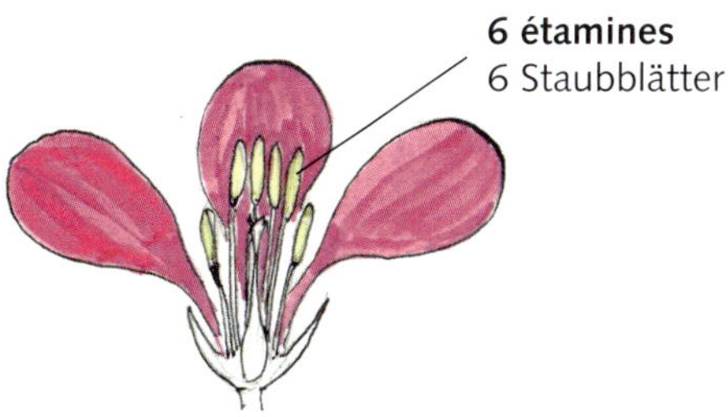

Cardamine pratensis aggr.

Cardamine	Schaumkraut und Zahnwurz
Feuilles gén. pennatiséquées, paraissant composées-pennées.	Blätter meist fiederschnittig, scheinbar gefiedert.
Silique comprimée, à graines sur un rang.	Schote längs «zusammengedrückt», Samen in einer Reihe.

400
- *Cardamine hirsuta*
- *Cardamine pratensis aggr.*
- *Cardamine heptaphylla*

Campanulaceae

Campanulacées	Glockenblumengewächse
Feuilles alternes, indivises. Feuilles basales et caulinaires souvent différentes.	Blätter wechselständig, ungeteilt. Grundständige Blätter oft andersförmig als Stängelblätter.
Inflorescences variées: panicule lâche ou contractée, grappe, épi multiflore ou pauciflore, parfois fleur solitaire.	Blütenstand vielfältig: ausgebreitete oder dichte Rispe, Traube, viel- oder wenigblütige Ähre, manchmal Blüten einzeln.
5 sépales verts soudés à la base. 5 pétales soudés, gén. bleu ou violet.	5 am Grund verwachsene, grüne Kelchblätter. 5 verwachsene Kronblätter, meist blau oder violett.
5 étamines.	5 Staubblätter.
Gén. 3 carpelles soudés. Ovaire infère ou semi-infère.	Meist 3 verwachsene Fruchtblätter. Fruchtknoten unterständig oder halbunterständig.
Capsule.	Kapsel.
Plantes souvent avec latex. Protéandrie (étamines matures avant les carpelles).	Oft mit Latex. Proteandrie (Staubblätter zeitlich vor den Fruchtblättern reifend).

400

- *Campanula rhomboidalis*
- *Campanula rotundifolia*
- *Campanula trachelium*
- *Phyteuma betonicifolium*
- *Phyteuma spicatum*

S(5) • P(5) • E 5 • C$\overline{(3)}$

Campanula

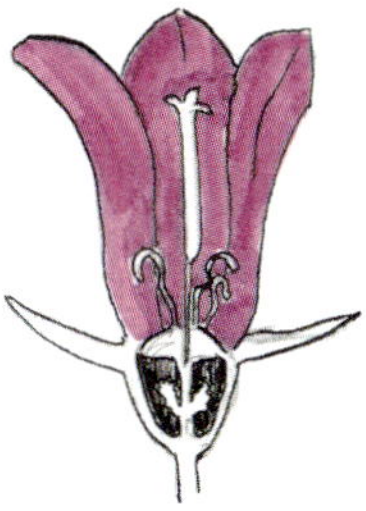

Ovaire infère
Fruchtknoten unterständig

Campanula rotundifolia

Campanule

Inflorescence gén. en grappe ou panicule lâche, parfois réduite à 1 fleur.

Corolle en cloche ± ouverte, à 5 lobes.

Glockenblume

Blütenstand meist eine Traube oder lockere Rispe, manchmal reduziert auf eine einzelne Blüte.

Krone glockenförmig, ± geöffnet, mit 5 Zipfeln.

400

- *Campanula rhomboidalis*
- *Campanula rotundifolia*
- *Campanula trachelium*

Phyteuma

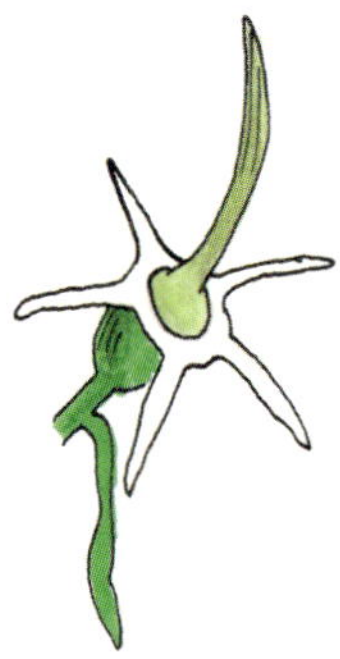

Fleur fermée
Geschlossene Blüte

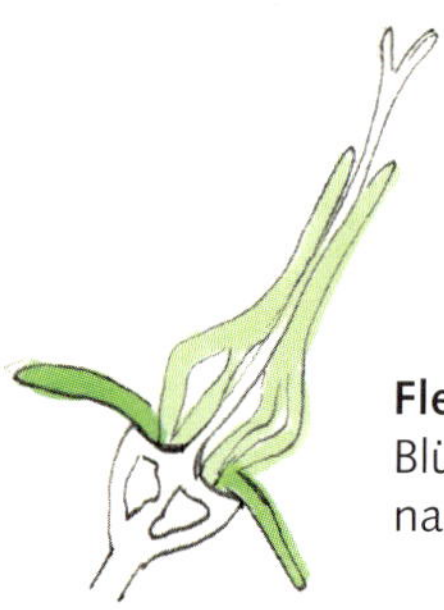

Fleur s'ouvrant de bas en haut
Blüte öffnet sich von unten nach oben

Phyteuma spicatum

Raiponce	Rapunzel
Inflorescence terminale en tête subglobuleuse ou en épi cylindrique dense.	Blütenstand endständig, eine rundliche oder dichte zylindrische Ähre.
Fleurs sessiles, corolle bleue ou blanche, soudée en tube étroit, s'ouvrant de bas en haut en fin de floraison.	Blüten sitzend, Kronblätter blau oder weiss, zu einer engen Röhre verwachsen. Öffnet sich während der Fruchtreifung von unten nach oben.

400
– *Phyteuma betonicifolium*
– *Phyteuma spicatum*

Caryophyllaceae

Caryophyllacées	Nelkengewächse
Feuilles opposées, souvent décussées.	Blätter gegenständig, oft kreuzgegenständig.
Inflorescence gén. en cyme bipare, parfois compacte (*Dianthus*).	Blütenstand ein Dichasium, manchmal kompakt (*Dianthus*).
5 pétales libres. Parfois présence d'une coronule ou d'un calicule sous le calice. 5 sépales libres ou soudés.	5 freie Kronblätter. Manchmal mit Krönchen oder doppeltem Kelch. 5 freie oder verwachsene Kelchblätter.
Gén. 2 cycles de 5 étamines.	Meist 2 Kreise mit je 5 Staubblättern.
2–5 carpelles soudés, styles libres. Ovaire supère.	2–5 verwachsene Fruchtblätter, freie Griffel. Fruchtknoten oberständig.
Capsule.	Kapsel.
Tige renflée aux nœuds (Caryo de *káryon* = nœud).	Stängel mit Knoten an Blattansätzen (Caryo von *káryon* = Knoten).

400

- *Cerastium fontanum*
- *Dianthus carthusianorum*
- *Dianthus superbus*
- *Dianthus sylvestris*
- *Gypsophila repens*
- *Saponaria ocymoides*
- *Saponaria officinalis*
- *Silene dioica*
- *Silene flos-cuculi*
- *Silene nutans*
- *Silene pratensis*
- *Silene vulgaris*
- *Stellaria media*
- *Stellaria nemorum*

Tableau comparatif des sous-familles Vergleichstabelle der Unterfamilien

Alsinoideae *Cerastium, Stellaria*	Silenoideae *Dianthus, Silene*

Sépales libres. Freie Kelchblätter.	**Sépales soudés.** Verwachsene Kelchblätter.

S (4-5) • P 0-4-5 • E 3-5-10 • C (2-5)

Cerastium

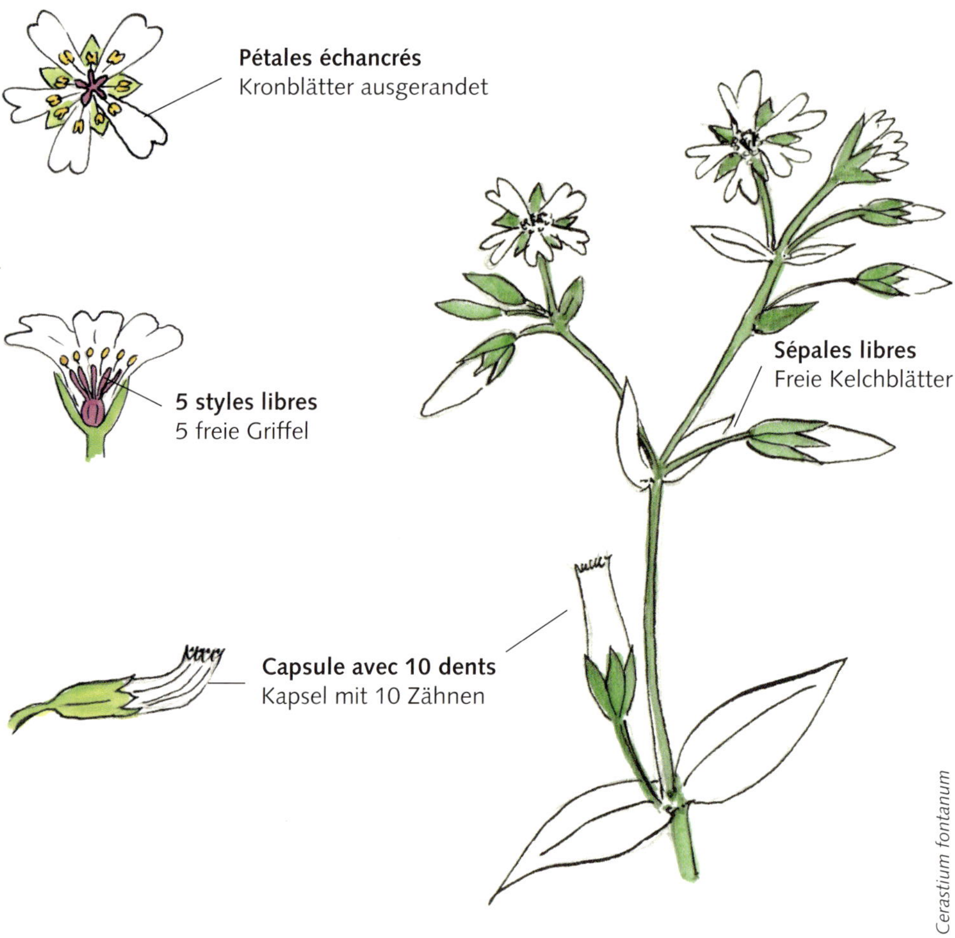

Céraiste	Hornkraut
5 sépales libres. 5 pétales libres, blancs échancrés ou bifides au maximum jusqu'à la moitié. Calice non soudé.	5 freie Kelchblätter. 5 freie, weisse Kronblätter, ausgerandet oder bis max. zur Hälfte gespalten. Kelchblätter frei.
5 carpelles soudées, Gén. 5 styles libres.	5 verwachsene Fruchtblätter, Meist 5 freie Griffel.
Capsule allongée et arquée s'ouvrant par 10 dents (2x plus de dents que de styles).	Kapsel länglich gebogen, in ein «Horn» verlängert (Hornkraut), Öffnung mit 10 Zähnchen (2x so viele wie Anzahl Griffel).

400 – *Cerastium fontanum*

Stellaria

Pétales profondément bifides
Kronblätter tief gespalten

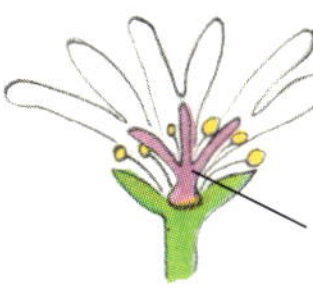

3 styles libres
3 freie Griffel

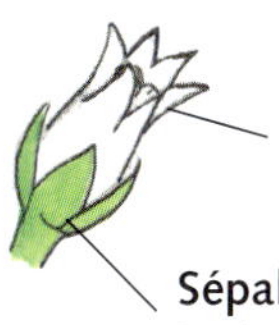

Capsule avec 6 dents
Kapsel mit 6 Zähnen

Sépales libres
Freie Kelchblätter

Stellaria media

Stellaire	Sternmiere
5 sépales libre. 5 pétales libres, blancs, profondément bifides.	5 freie Kelchblätter. 5 freie, weisse Kronblätter, tief gespalten.
3 carpelles soudés, 3 styles libres.	3 verwachsene Fruchtblätter, 3 freie Griffel.
Capsule globuleuse ou cylindrique s'ouvrant par 6 valves.	Kapsel rund oder zylindrisch, Öffnung mit 6 Zähnchen.

400 – *Stellaria media*
– *Stellaria nemorum*

Dianthus

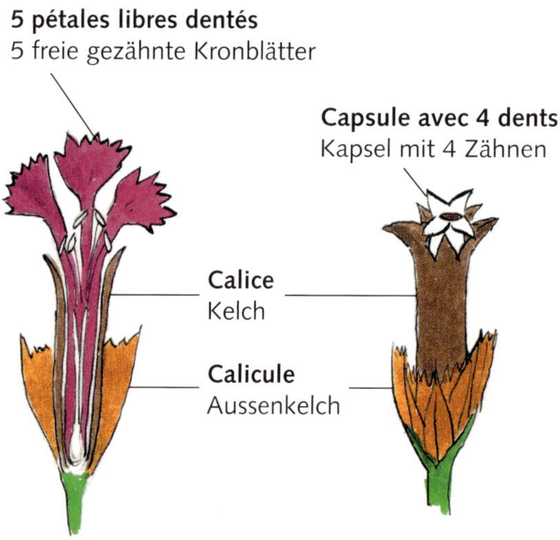

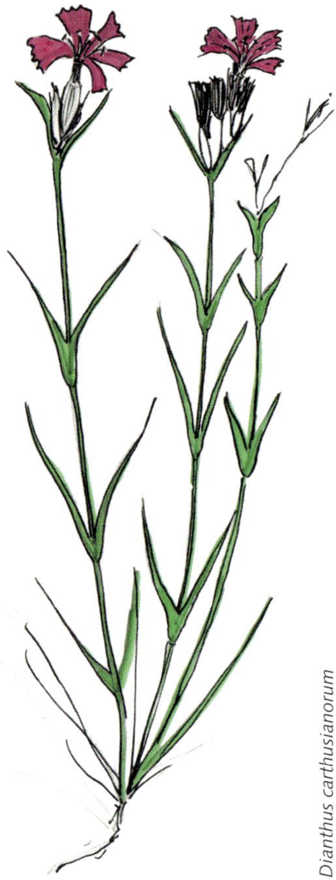

Dianthus carthusianorum

Œillet	Nelke
Feuilles étroites, souvent à une seule nervure visible.	Blätter schmal, oft mit einem einzigen, sichtbaren Hauptnerv.
Inflorescence terminale compacte ou fleur solitaire.	Blütenstand endständig. Blüten in Köpfchen oder einzeln.
5 sépales soudés formant un tube. 5 pétales libres dentés ou laciniés. Double calice formé de bractées à la base du calice (calicule).	5 zu einer Röhre verwachsene Kelchblätter. 5 freie, gezähnte oder gefranste Kronblätter. Doppelter Kelch: häutige Schuppen am Grund des Kelchs (Aussenkelch).
2 carpelles soudés, 2 styles libres.	2 verwachsene Fruchtblätter, 2 freie Griffel.
Capsule allongée (cylindrique), s'ouvrant par 4 dents.	Kapsel länglich (zylindrisch), Öffnung mit 4 Zähnchen.

400
- *Dianthus carthusianorum*
- *Dianthus superbus*
- *Dianthus sylvestris*

Silene

Fleur mâle
Männliche Blüte

Fleur femelle
Weibliche Blüte

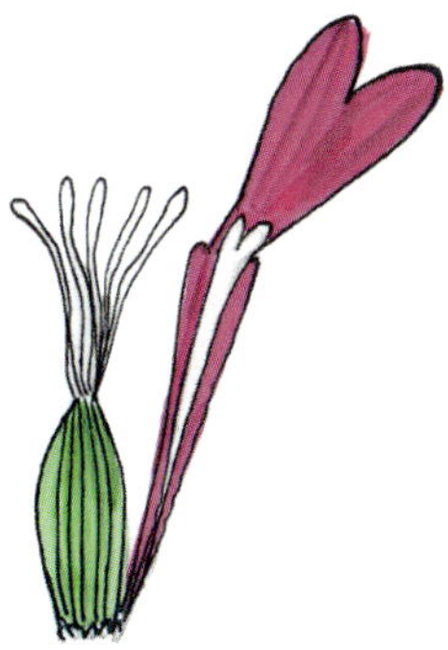

Silene dioica

Coronule
Krönchen

Capsule ovoïde
Kapsel eiförmig

Silène	Leimkraut
5 sépales soudés. 5 pétales libres, avec coronule.	5 verwachsene Kelchblätter. 5 freie Kronblätter, mit Krönchen.
3–5 carpelles soudés. 3–5 styles libres.	3–5 verwachsene Fruchtknoten. 3–5 freie Griffel.
Capsule ovoïde, s'ouvrant par 5, 6 ou 10 dents.	Kapsel eiförmig, Öffnung mit 5, 6 oder 10 Zähnchen.
Silene dioica et *Silene pratensis* sont dioïques.	*Silene dioica* und *Silene pratensis* sind zweihäusig.

400

5 styles | 5 Griffel:
– *Silene dioica*
– *SIlene flos-cuculi*
– *Silene pratensis*

3 styles | 3 Griffel:
– *Silene nutans*
– *Silene vulgaris*

Cyperaceae

Cypéracées	Sauergräser
Feuilles disposées en 3 rangs (tristiques).	Blätter 3-zeilig angeordnet.
Inflorescences variées, composées d'épis (parfois appelés «épillets») multiflores disposés le long de la tige ou terminaux.	Blütenstand vielfältig, bestehend aus mehrblütigen, seitlichen oder endständigen Ähren.
Fleurs hermaphrodites (*Eriophorum, Trichophorum, Scirpus, Schoenus*) ou fleurs unisexuées (*Carex*). Périgone gén. absent ou réduit à des soies ou à une ou plusieurs écailles.	Blüten zwittrig (*Eriophorum, Trichophorum, Scirpus, Schoenus*) oder eingeschlechtlich (*Carex*). Perigonblätter meist fehlend oder zu Borsten oder Spelzen reduziert.
Gén. 3 étamines.	Meist 3 Staubblätter.
2 ou 3 carpelles soudés.	2 oder 3 verwachsene Fruchtblätter.
Akène enveloppé dans un utricule chez *Carex*.	Achäne von einem Fruchtschlauch umhüllt (Utriculus bei *Carex*).
Tige sans nœuds, ronde *(Eriophorum, Schoenus, Trichophorum)* ou triangulaire (*Carex, Scirpus)*.	Stängel ohne Knoten, rund (*Eriophorum, Schoenus, Trichophorum*) oder 3-kantig (*Carex, Scirpus*).

400

- *Carex caryophyllea*
- *Carex davalliana*
- *Carex digitata*
- *Carex echinata*
- *Carex elata*
- *Carex flacca*
- *Carex flava*
- *Carex hirta*
- *Carex muricata* aggr.
- *Carex nigra*
- *Carex pallescens*
- *Carex panicea*
- *Carex pendula*
- *Carex sylvatica*
- *Eriophorum angustifolium*
- *Eriophorum latifolium*
- *Schoenus nigricans*
- *Scirpus sylvaticus*
- *Trichophorum cespitosum*

[T 0-6] • E [1-]3[-6] • C([2-]3)

Carex

Fleur mâle
Männliche Blüte

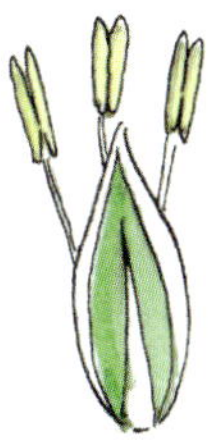

Fleur femelle
Weibliche Blüte

Carex flacca

Laîche	Segge
Inflorescence en épis sphériques ou cylindriques, uni- ou bisexués.	Blütenstand in köpfigen oder zylindrischen Ähren, ein- oder zweigeschlechtlich.
Fleurs unisexuées. Sans périgone, mais présence d'une bractée membraneuse appelée «écaille».	Blüten eingeschlechtlich. Ohne Blütenhülle, aber mit einer häutigen Spelze (Tragblatt).
2 ou 3 stigmates plumeux.	2 oder 3 fedrige Griffel.
Akène enveloppé dans un utricule.	Achäne umhüllt von einem Fruchtschlauch (Utriculus).
Tige triangulaire.	Stängel 3-kantig.

400

- *Carex caryophyllea*
- *Carex davalliana*
- *Carex digitata*
- *Carex echinata*
- *Carex elata*
- *Carex flacca*
- *Carex flava*
- *Carex hirta*
- *Carex nigra*
- *Carex pallescens*
- *Carex panicea*
- *Carex pendula*
- *Carex spicata*
- *Carex sylvatica*

Eriophorum

Inflorescence à maturité
Reifer Blütenstand

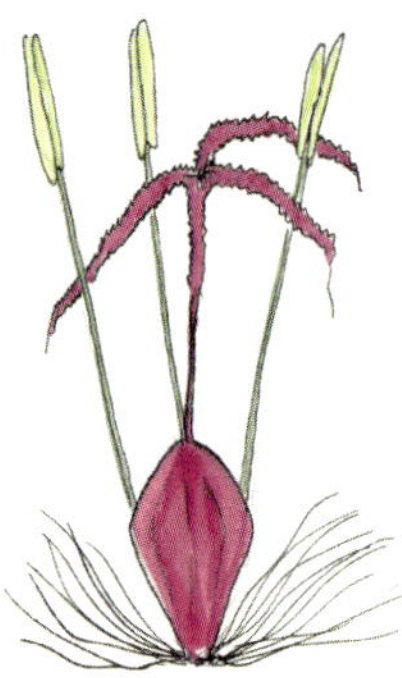

Fleur hermaphrodite
Zwittrige Blüte

Eriophorum latifolium

Linaigrette	Wollgras
Inflorescence en épis multiflores terminaux.	Blütenstand in vielblütigen, endständigen Ähren.
Fleurs hermaphrodites. Périgone formé de nombreuses soies s'allongeant à maturité et formant une houppe soyeuse blanche.	Blüten zwittrig. Perigonblätter aus zahlreichen Borsten, die bei Reife einen weichen, weissen Wollschopf bilden.
Akène sans utricule.	Achäne ohne Fruchtschlauch.
Plantes des hauts et bas-marais.	Pflanze der Hoch- und Flachmoore.

400
– *Eriophorum angustifolium*
– *Eriophorum latifolium*

Euphorbia

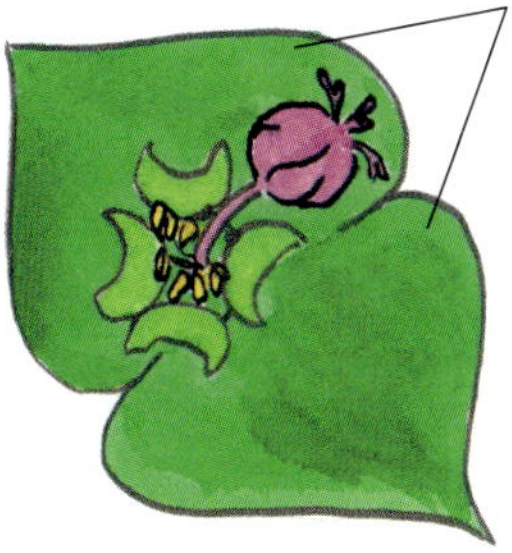

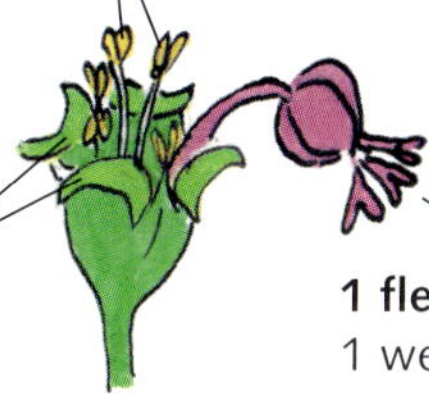

Cyathe | Cyathium

Euphorbe	Wolfsmilch
Feuilles gén. alternes.	Blätter meist wechselständig.
Inflorescence complexe (pseudo-ombelles).	Komplexer Blütenstand (Scheindolden).
Fleurs unisexuées réunies dans un cyathe, lui-même entouré de 2 bractées. Chaque cyathe se compose d'une fleur femelle à long pédicelle et de plusieurs fleurs mâles réduites chacune à une étamine, ainsi que des glandes nectarifères ovales ou en croissant.	Blüten eingeschlechtlich, angeordnet in Scheinblüten (Cyathium), dieser umgeben von 2 Hochblättern. Jedes Cyathium besteht aus einer weiblichen Blüte mit langem Blütenstiel und mehreren männlichen Blüten mit je einem Staubblatt, sowie mehreren ovalen oder sichelförmigen Nektardrüsen.
Capsule gén. à 3 loges.	Meist 3-teilige Kapsel.
Plantes à latex.	Pflanzen mit Latex.

400
- *Euphorbia amygdaloides*
- *Euphorbia cyparissias*

Fabaceae

Fabacées	Schmetterlingsblütler
Feuilles alternes, composées-pennées, imparipennées et terminées par une vrille ou un mucron ou feuilles trifoliolées. Stipules présentes.	Blätter wechselständig, zusammengesetzt, unpaarig oder paarig gefiedert, in eine Ranke oder Spitze auslaufend, oder mit 3 Teilblättern. Nebenblatt vorhanden.
Inflorescence gén. en grappe ± dense.	Blütenstand meist eine ± dichte Traube.
5 sépales soudés, 5 pétales : 2 inf. soudés (carène), 2 latéraux libres (ailes), 1 supérieur libre (étendard).	5 verwachsene Kelchblätter, 5 Kronblätter: 2 untere verwachsen (Schiffchen), 2 seitliche frei (Flügel), 1 oberes frei (Fahne).
10 étamines (gén. 9 soudées, 1 libre).	10 Staubblätter (meist 9 verwachsen, 1 freistehend).
1 carpelle. Ovaire supère.	1 Fruchtblatt. Fruchtknoten oberständig.
Gousse.	Hülse.
Symbiose fréquente avec des bactéries fixatrices d'azote contenues dans des nodosités racinaires.	Symbiose mit stickstofffixierenden Bakterien in Wurzelknöllchen.

400

- *Anthyllis vulneraria*
- *Hippocrepis comosa*
- *Laburnum anagyroides*
- *Lathyrus pratensis*
- *Lathyrus vernus*
- *Lotus corniculatus*
- *Medicago lupulina*
- *Medicago sativa*
- *Melilotus albus*
- *Melilotus officinalis*
- *Onobrychis viciifolia*
- *Robinia pseudoacacia*
- *Securigera varia*
- *Trifolium dubium*
- *Trifolium medium*
- *Trifolium montanum*
- *Trifolium pratense*
- *Trifolium repens*
- *Vicia cracca*
- *Vicia sativa*
- *Vicia sepium*

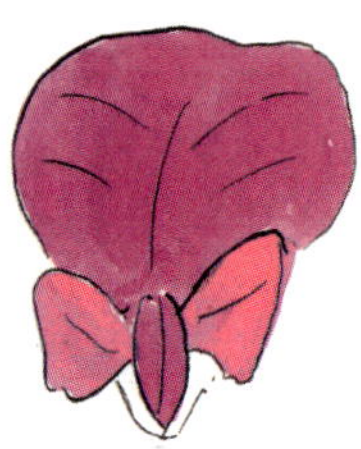

5 pétales
5 Kronblätter

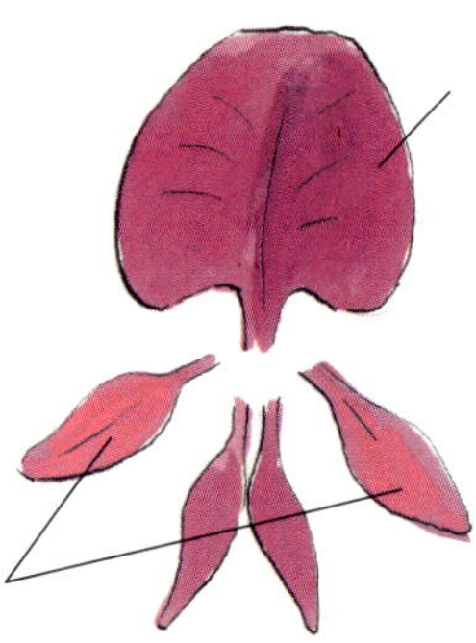

Étendard
Fahne

Ailes
Flügel

Carène
Schiffchen

S 5 • P 5 • E 10 • C 1

Lathyrus

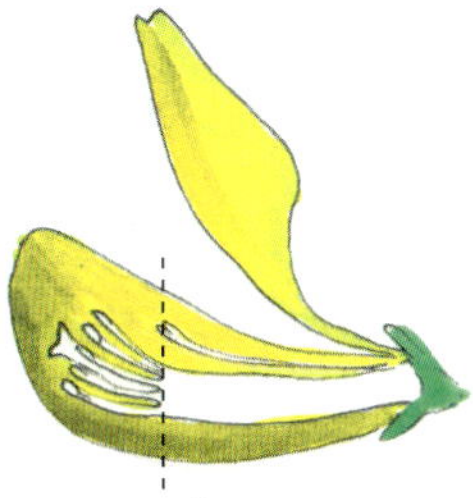

Tube staminal se terminant à angle droit
Staubfadenröhre gerade abgeschnitten

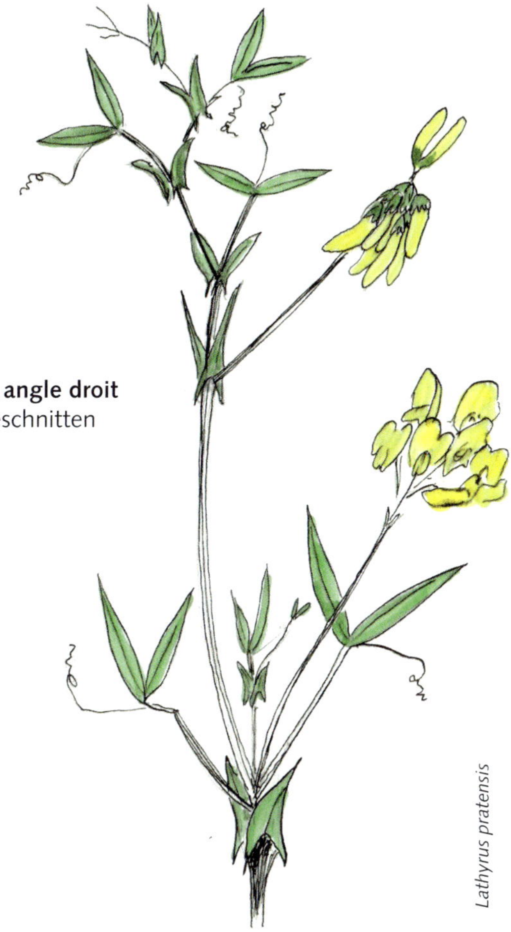

Lathyrus pratensis

Gousse fermée
Geschlossene Hülse

Gousse ouverte
Offene Hülse

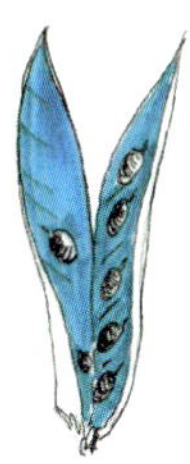

Gesse	Platterbse
Feuilles paripennées, terminées par une vrille ou un mucron. Stipules gén. grandes.	Paarig gefiederte Blätter, endständiges Teilblatt zu einem Spitzchen oder einer Ranke umgebildet. Nebenblätter meist gross.
Fleurs en grappe pauciflore ou solitaires, gén. portées par un long pédoncule.	Blüten in einer wenigblütigen Traube oder einzeln, meist an langen Blütenstielchen.
Les filets des étamines soudés deviennent libres au même niveau (de profil, le tube staminal se termine à angle droit).	Die verwachsenen Staubfäden gehen in einem rechten Winkel in freie Staubfäden über (Staubfadenröhre endet gerade).
Tige anguleuse, parfois ailée.	Stängel kantig, manchmal geflügelt.

400
– *Lathyrus pratensis*
– *Lathyrus vernus*

Medicago

Gousse en spirale
Spiralige Hülse

Stipules
Nebenblätter

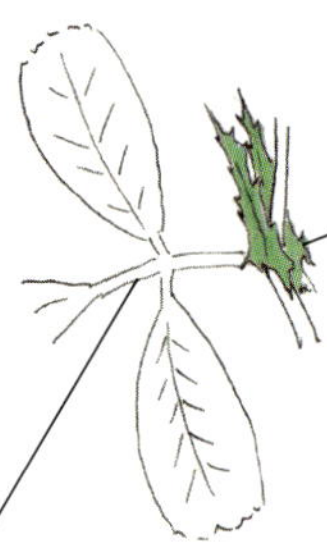

Pétiolule du milieu long
Mittleres Stielchen lang

Medicago lupulina

Luzerne	Schneckenklee
Feuilles trifoliolées, la foliole médiane a un pétiolule plus long. Stipules gén. dentées.	Blätter aus 3 Teilblättchen, das Mittlere länger gestielt. Nebenblätter meist gezähnt.
Fleurs réunies en grappe dense (tête globuleuse).	Blüten in einer dichten, kopfigen Traube.
Corolle caduque après la floraison.	Kronblätter nach dem Blühen abfallend.
Gousse en spirale ou en forme de faucille (*Medicago falcata*), parfois épineuse (*Medicago minima*).	Hülse spiralig oder sichelförmig (*Medicago falcata*), manchmal stachelig (*Medicago minima*).

400
– *Medicago lupulina*
– *Medicago sativa*

Melilotus

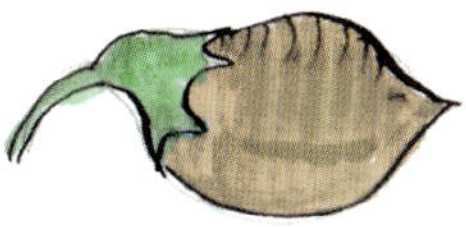

Gousse ovoïde
Eiförmige Hülse

Melilotus officinalis

Mélilot		Honigklee
Feuilles trifoliolées dentées.		Blätter aus 3 gezähnten Teilblättchen.
Inflorescence en grappes allongées lâches.		Blüten in einer lockeren, länglichen Traube.
Fleurs jaunes ou blanches.		Blüten gelb oder weiss.
Gousse ovoïde.		Hülse eiförmig.
Odeur de coumarine.	i	Duft nach Kumarin.

400
– *Melilotus albus*
– *Melilotus officinalis*

Trifolium

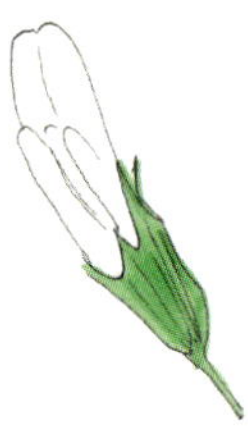

Corolle persistante après floraison
Kronblätter zur Fruchtzeit nicht abfallend

Trifolium repens

Trèfle	Klee
Feuilles trifoliolées.	Blätter aus 3 Teilblättchen.
Fleurs réunies en grappe dense (tête globuleuse), parfois allongée.	Blüten in einer dichten, kopfigen Traube, manchmal langgezogen.
Corolle persistante après floraison (= marcescente), entourant le fruit.	Kronblätter nicht abfallend, zur Frucht zeit die Hülse umgebend.
Gousse ovoïde à allongée, gén. plus courte que le calice.	Hülse eiförmig bis länglich, meist kürzer als der Kelch.

400
- *Trifolium dubium*
- *Trifolium medium*
- *Trifolium montanum*
- *Trifolium pratense*
- *Trifolium repens*

Vicia

Tube staminal se termnant obliquement
Staubfadenröhre schief abgeschnitten

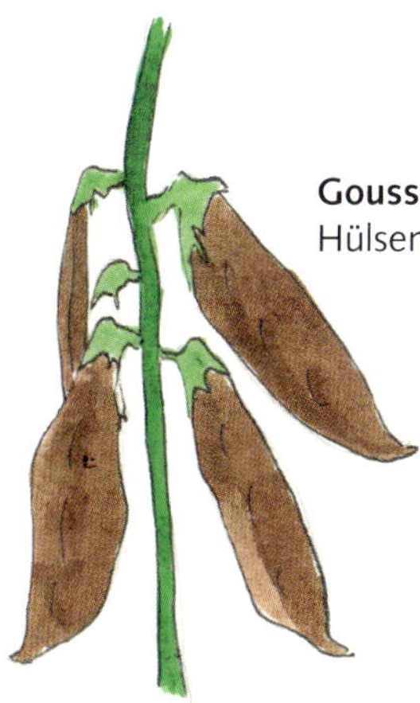

Gousses
Hülsen

Vicia cracca

Vesce	Wicke
Feuilles paripennées, gén. terminées par une vrille. Stipules petites.	Paarig gefiederte Blätter, meist mit einer Ranke. Nebenblätter klein.
Inflorescence en grappe gén. unilatérale, plus rarement fleurs solitaires ou par 2.	Blüten in einer meist einseitigen Traube, seltener Blüten einzeln oder zu 2.
Les filets des étamines soudés deviennent libres à des niveaux échelonnés (de profil, le tube staminal se termine obliquement).	Die verwachsenen Staubfäden gehen in einem schiefen Winkel in freie Staubfäden über (Staubfadenröhre endet schräg).
Tige anguleuse, non-ailée.	Stängel kantig, nicht geflügelt.

400
- *Vicia cracca*
- *Vicia sativa*
- *Vicia sepium*

Fagaceae

Fagacées	Buchengewächse
Feuilles alternes. Stipules caduques.	Blätter wechselständig. Nebenblätter früh abfallend.
Fleurs mâles gén. en chatons pendants, fleurs femelles groupées par 1–3.	Männliche Blüten meist in hängenden Kätzchen, weibliche Blüten zu 1–3.
Fleurs unisexuées, petites, périanthe présent mais peu visible. Fleurs femelles à involucre se lignifiant à la fructification (cupule).	Eingeschlechtliche, kleine Blüten. Blütenhülle unauffällig. Weibliche Blüten umgeben von verholzenden Tragblättern (Cupula).
Nombre d'étamines variable.	Anzahl Staubblätter variabel.
Gén. 3 carpelles soudés. Ovaire infère.	Meist 3 verwachsene Fruchtblätter, Fruchtknoten unterständig.
Akènes, partiellement ou complètement renfermés dans la cupule : • par 2(–3) chez *Fagus* (a) • par (2–)3 chez *Castanea* (b) • solitaire chez *Quercus* (c)	Nussfrüchte, ganz oder teilweise eingeschlossen in einem Fruchtbecher: • Zu 2(–3) bei *Fagus* (a) • Zu (2–)3 bei *Castanea* (b) • einzeln bei *Quercus* (c)
Arbres monoïques. Pollinisation par le vent.	Einhäusige Bäume. Windbestäubt.

400

– *Castanea sativa*
– *Fagus sylvatica*
– *Quercus petraea*
– *Quercus pubescens*
– *Quercus robur*

(a)

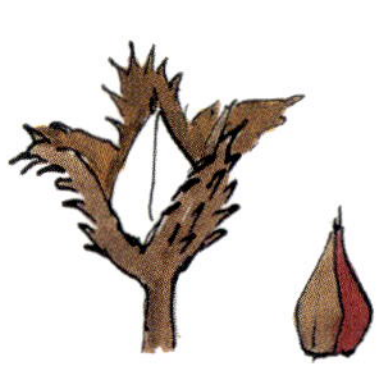

Fagus sylvatica

(b)

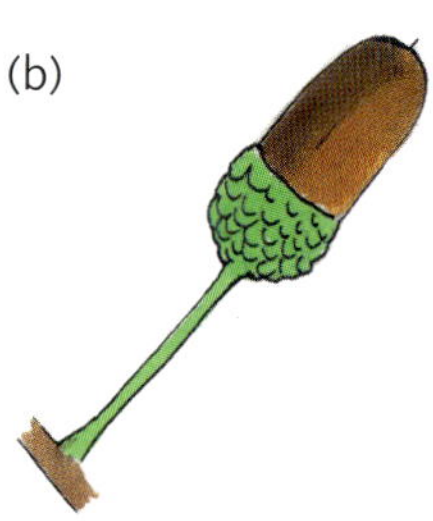

Quercus robur

(c)

Castanea sativa

Fleur Blüte ♂: T (3-7) • E [4-]6[-∞]

Fleur Blüte ♀: T (3-7) • C $\overline{(3)}$

Gentianaceae

Gentianacées	Enziangewächse
Feuilles opposées-décussées, à bord entier. Parfois rosette basale. Nervures paraissant parallèles.	Blätter kreuzgegenständig, ganzrandig. Manchmal mit grundständiger Rosette. Blattnerven scheinbar parallelnervig.
Inflorescence en cyme bipare simples ou composés, ou fleurs solitaires.	Blüten einzeln oder in einfachen oder zusammengesetzten Dichasien.
Gén. 5 sépales soudés et 5 pétales soudés.	Meist 5 verwachsene Kelch- und 5 verwachsene Kronblätter.
Gén. 5 étamines soudées au tube de la corolle.	Meist 5 Staubblätter, die mit den Kronblättern verwachsen sind.
2 carpelles soudés. Ovaire supère.	2 verwachsene Fruchtblätter. Fruchtknoten oberständig.
Capsule.	Kapsel.
Espèces alpines nombreuses. En régions tempérées, uniquement plantes herbacées.	Zahlreiche alpine Arten. In gemässigten Zonen nur krautig.

400 – *Gentiana acaulis*

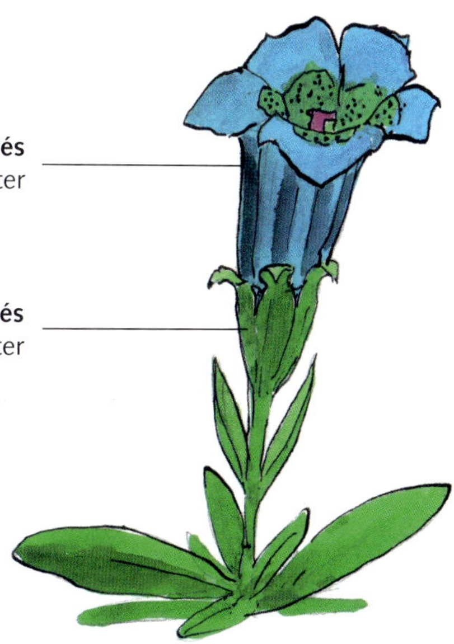

5 pétales soudés
5 verwachsene Kronblätter

5 sépales soudés
5 verwachsene Kelchblätter

Gentiana acaulis

S(4-5) • P(4-5) • E 4-5 • C(2)

Geraniaceae

Géraniacées	Storchschnabelgewächse
Feuilles gén. alternes, parfois opposées vers le bas. Feuilles palmées (*Geranium*) ou pennées (*Erodium*), avec stipules.	Blätter meist wechselständig, manchmal untere Blätter gegenständig. Handförmig geteilt (*Geranium*) oder gefiedert (*Erodium*). Nebenblätter vorhanden.
Cyme bipare en pseudo-ombelle axillaire ou terminale, parfois réduite à 2 fleurs. Fleurs rarement solitaires.	Dichasium in Scheindolden, in Blattwinkeln oder endständig, manchmal Blüten zu 2. Selten Einzelblüten.
5 sépales parfois soudés à la base, 5 pétales libres.	5 Kelchblätter, manchmal am Grund verwachsen, 5 freie Kronblätter.
2 cycles de 5 étamines (5 chez *Erodium*).	2 Kreise mit je 5 Staubblättern (5 bei *Erodium*).
5 carpelles soudés. Ovaire supère.	5 verwachsene Fruchtblätter. Fruchtknoten oberständig.
Schizocarpe composé de 5 akènes. Le style s'allonge en un long bec et s'ouvre de bas en haut pour éjecter les 5 akènes.	Spaltfrucht aus 5 Achänen. Der Fruchtschlauch verlängert sich zu einem (Storchen-)Schnabel, der sich bei der Reife ruckartig von unten nach oben öffnet und die 5 Achänen fortschleudert.
Tiges et feuilles gén. couvertes de poils glanduleux aromatiques. Fleur gén. actinomorphe (les géraniums vendus pour l'ornement sont des espèces du genre *Pelargonium* aux fleurs zygomorphes).	Stängel und Blätter mit aromatisch drüsigen Haaren. Blüten meist radiärsymmetrisch (die im Handel erhältlichen «Geranien» gehören zu der Gattung *Pelargonium* und haben monosymmetrische Blüten).

400

- *Erodium cicutarium*
- *Geranium pyrenaicum*
- *Geranium robertianum*
- *Geranium sanguineum*
- *Geranium sylvaticum*

[ou | oder] S (5) • P 5 • E 5+5 • C (5)

Geranium

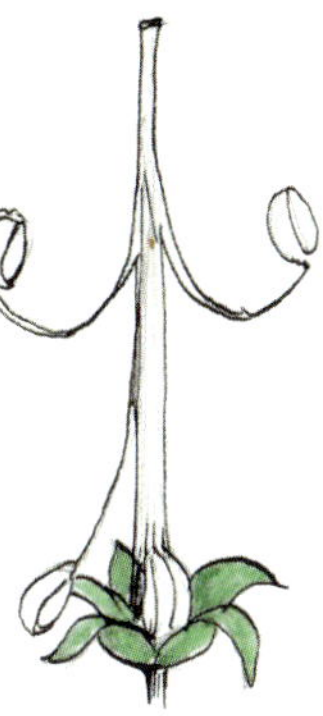

Schizocarpe s'ouvrant de bas en haut
Spaltfrucht, die sich ruckartig von unten nach oben öffnet

Geranium sylvaticum

Géranium	Storchschnabel
Feuilles palmatilobées à palmatiséquées.	Blätter handförmig gelappt bis geschnitten.
Fleurs gén. par 2, à pétales arrondis ou ± échancrés.	Blüten meist zu zweit, Kronblätter abgerundet oder ± stark ausgerandet.
2 cycles de 5 étamines.	2 Kreise mit je 5 Staubblättern.

400

- *Geranium pyrenaicum*
- *Geranium robertianum*
- *Geranium sanguineum*
- *Geranium sylvaticum*

Juncaceae

Joncacées	Binsengewächse
Feuilles gén. basales, parfois caulinaires, cylindriques ou planes.	Blätter meist grundständig, manchmal Blattansatz am Stängel, rund oder flach.
Inflorescence très ramifiée lâche ou compacte (glomerules).	Stark verzweigter Blütenstand, ausgebreitet oder dicht (Köpfchen).
Fleurs hermaphrodites petites. 6 tépales scarieux brunâtres.	Blüten klein, zwittrig. 6 häutige, bräunliche Perigonblätter.
6 étamines.	6 Staubblätter.
3 carpelles soudés. Ovaire supère.	3 verwachsene Fruchtblätter. Fruchtknoten oberständig.
Capsule.	Kapsel.
Tige ronde, sans nœuds.	Stängel rund, ohne Knoten.

400

- *Juncus alpinoarticulatus*
- *Juncus effusus*
- *Juncus inflexus*
- *Luzula campestris*
- *Luzula pilosa*
- *Luzula sylvatica*

T 3+3 • E 3+3 • C (3)

Juncus

6 tépales
6 Perigonblätter

Capsules dans un glomérule compact
Kapseln in einem kompakten Köpfchen

Feuilles cylindriques
Blätter stielrund

Juncus alpinoarticulatus

Jonc	Binse
Feuilles cylindriques, raides, glabres.	Blätter stielrund, steif, kahl.
Capsule à nombreuses graines.	Kapsel mit zahlreichen Samen.
Tige à moelle spongieuse. Plantes gén. liées aux milieux humides.	Stängel gefüllt mit schwammartigem Durchlüftungsgewebe. Meist feuchte Standorte.

400
- *Juncus alpinoarticulatus*
- *Juncus effusus*
- *Juncus inflexus*

Luzula

6 tépales
6 Perigonblätter

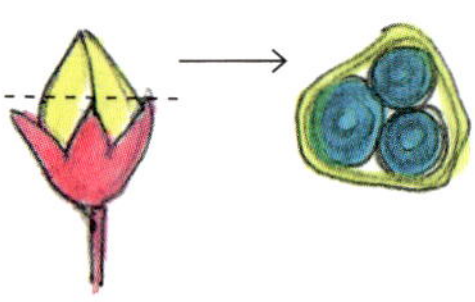

Capsules à 3 graines
Kapseln mit 3 Samen

Luzula pilosa

Luzule	Hainsimse
Feuilles planes et ciliées. Plante velue à l'insertion des feuilles.	Blätter flach und bewimpert. Am Blattansatz behaart.
Capsule à 3 graines.	Kapsel mit 3 Samen.
Plantes gén. liées aux milieux herbacés maigres ou aux forêts.	Meist auf mageren Wiesen oder in Wäldern.

400
- *Luzula campestris*
- *Luzula pilosa*
- *Luzula sylvatica*

Lamiaceae

Lamiacées	Lippenblütler
Feuilles opposées-décussées.	Blätter kreuzgegenständig.
Inflorescence en pseudo-verticilles (à l'aisselle des feuilles/bractées).	Blüten in Scheinquirlen in den Achseln der (Trag-)Blätter.
5 sépales soudés, 5 pétales soudés formant gén. une corolle bilabiée.	5 verwachsene Kelchblätter, 5 verwachsene Kronblätter, die meist 2 Lippen bilden.
4 étamines (2 longues et 2 courtes). 2 chez *Lycopus, Salvia* et *Rosmarinus*.	4 Staubblätter (2 lange und 2 kurze). 2 bei *Lycopus, Salvia* und *Rosmarinus*.
2 carpelles soudés, chacun divisé en 2 loges. Ovaire supère.	2 verwachsene Fruchtblätter, die sich je in 2 Kammern teilen. Fruchtknoten oberständig.
Tétrakène (4 nucules sphériques au fond du calice, cf. Boraginaceae).	4-teilige Achäne (4 rundliche Nüsschen am Grund des Kelchs, s. Boraginaceae).
Tige carrée. Plantes aromatiques, souvent thermophiles, à grande diversité dans les régions méditerranéennes.	4-kantiger Stängel. Pflanzen aromatisch, oft wärmeliebend. Grosse Vielfalt im Mittelmeerraum.

400

- *Ajuga reptans*
- *Galeopsis tetrahit*
- *Glechoma hederacea*
- *Lamium album*
- *Lamium galeobdolon*
- *Lamium maculatum*
- *Lamium purpureum*
- *Melittis melissophyllum*
- *Origanum vulgare*
- *Prunella vulgaris*
- *Salvia glutinosa*
- *Salvia pratensis*
- *Stachys recta*
- *Stachys sylvatica*
- *Thymus serpyllum* aggr.

S(5) • P(2+3) • E 2+2 • C(2)

Lamium

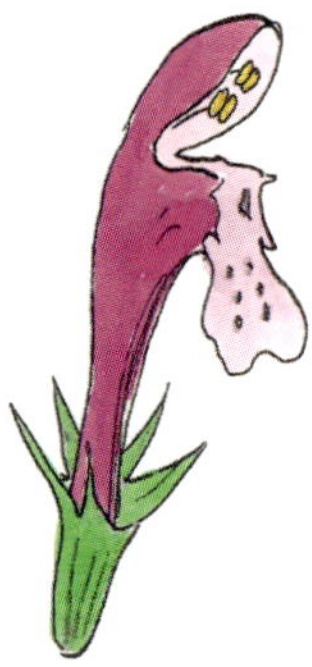

Lèvre supérieure en forme de casque ; dents du calice de même taille
Helmförmige Oberlippe; alle Zipfel des Kelchs gleich gross

Lamium purpureum

Lamier

Lèvre sup. de la corolle en forme de casque, lèvre inf. à grand lobe médian, souvent échancré et à lobes latéraux aigus ou très petits. Calice à 5 dents bien distinctes et de taille semblable.

4 étamines dépassant du tube corollaire, appliquées à la lèvre supérieure.

Nessel

Oberlippe der Kronblätter helmförmig, Unterlippe bestehend aus einem grossen, oft ausgerandeten mittleren Zipfel, seitliche Zipfel spitz oder sehr klein. Kelch mit 5 deutlichen, ähnlich grossen Zipfeln.

4 Staubblätter, aus der Kronröhre herausragend, an der Oberlippe anliegend.

400

- *Lamium album*
- *Lamium galeobdolon*
- *Lamium maculatum*
- *Lamium purpureum*

Orchidaceae

Orchidacées	Orchideengewächse
Feuilles alternes, à nervures parallèles.	Blätter wechselständig, parallelnervig.
Inflorescence gén. en épi terminal ou en grappe.	Blütenstand meist eine endständige Ähre oder Traube.
Fleurs à l'aisselle de bractées. 6 tépales libres. Un des tépales (le labelle) est souvent grand et voyant, parfois prolongé en éperon, contenant du nectar ou non.	Blüten in den Achseln von Hochblättern. 6 freie Perigonblätter, davon oft eine grosse und auffällige Lippe (Labellum), manchmal verlängert in einen nektarhaltigen oder leeren Sporn.
1 étamine (2 chez *Cypripedium*). Anthère à 2 loges contenant les pollinies (masse de pollen aggloméré).	1 Staubblatt (2 beim Frauenschuh) mit 1 Pollensack aus 2 Pollenbündeln (Pollinien).
Ovaire infère, présentant une torsion de 180° chez de nombreux genres.	Unterständiger Fruchtknoten, bei zahlreichen Gattungen mit einer Drehung um 180°.
Capsule gén. à 1 loge avec nombreuses graines minuscules.	Einkammrige Kapsel mit zahlreichen, sehr kleinen Samen.
La plus grande famille de plantes au monde (env. 28'000 espèces). Plantes à rhizomes ou tubercules. Une symbiose avec des champignons (mycorhize) du sol est nécessaire pour la germination.	Die grösste Pflanzenfamilie der Welt (ca. 28'000 Arten). Pflanzen mit Rhizomen oder Knollen. Für die Samenkeimung ist die Symbiose mit einem Mykorrhiza-Pilz unerlässlich.

400

- *Cypripedium calceolus*
- *Dactylorhiza maculata*
- *Gymnadenia conopsea*
- *Listera ovata*
- *Neottia nidus-avis*
- *Ophrys insectifera*
- *Orchis mascula*

Cypripedium calceolus

T 3+3 • E 1(-2) • C 3

Orobanche

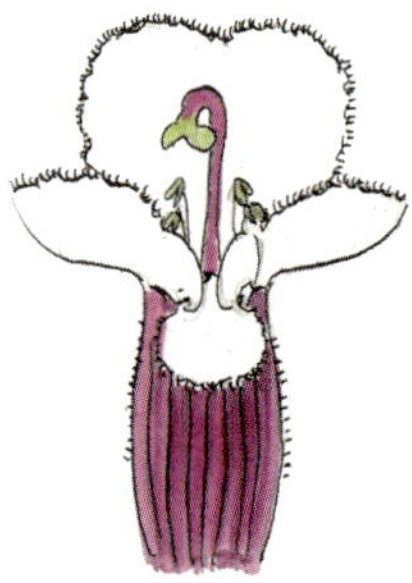

Corolle à 5 pétales soudées
Krone mit 5 verwachsenen Kronblättern

Orobanche alba

Orobanche	Würger
Feuillcs réduites à des écailles.	Blätter zu Schuppen reduziert.
Inflorescence en épis ou en grappe.	Blütenstand eine Ähre oder Traube.
5 pétales soudées, corolle zygomorphe, bilabiée, brun, jaunâtre à rougeâtre. Lèvre sup. à 2 lobes, lèvre inf. à 3 lobes. 5 sépales soudés.	5 verwachsene Kronblätter, monosymmetrisch, zweilippig, braun, gelblich bis rötlich. Oberlippe 2-lappig, Unterlippe 3-lappig. 5 verwachsene Kelchblätter.
4 étamines soudées au tube de la corolle.	4 Staubblätter, verwachsen mit der Kronblattröhre.
2 carpelles soudés.	2 verwachsene Fruchtblätter.
Capsule à 2 loges contenant de nombreuses graines minuscules.	Zweikammrige Kapsel mit zahlreichen, winzigen Samen.
Parasite complet (plante sans chlorophylle). *Orobanche alba* parasite les thyms.	Vollschmarotzer (Pflanze ohne Chlorophyll). *Orobanche alba* parasitiert auf Thymian.

400 – *Orobanche alba*

Pinaceae

Pinacées

Aiguilles persistantes (sauf chez *Larix*), disposées sur 2 rangs (*Abies*), autour des rameaux (*Picea*), par 2–5 (*Pinus*) ou nombreuses en fascicule (*Larix*).

Cônes mâles formés d'écailles avec 2 sacs polliniques à leur base. Cônes femelles : formés d'écailles devenant ligneuses à maturité et portant chacune une graine nue (Gymnospermes), gén. ailée.

Arbres monoïques.
Pollinisation par le vent.

Kieferngewächse

Immergrüne Nadeln (ausser *Larix*), zweizeilig (*Abies*), spiralig (*Picea*), zu 2–5 (*Pinus*) oder zahlreich in Bündeln (*Larix*).

Männliche Zapfen aus Schuppen mit je 2 Pollensäcken.
Weibliche Zapfen aus verholzenden Schuppen mit je einem nackten, meistgeflügelten Samen (Nacktsamer).

Einhäusige Bäume.
Windbestäubt.

400

- *Abies alba*
- *Larix decidua*
- *Picea abies*
- *Pinus sylvestris*

Pinus sylvestris

Poaceae

Poacées, Graminées	Süssgräser
Feuilles alternes, gén. avec une ligule. Gaines gén. non soudées.	Blätter gegenständig, meist mit Blatthäutchen. Blattscheiden meist nicht verwachsen.
Inflorescence en panicule, épi ou faux-épi, composée de nombreux épillets. Chaque épillet uniflore ou multiflore est délimité par 2 glumes.	Rispe, Ähre oder Ährenrispe, zusammengesetzt aus zahlreichen Ährchen. Jedes ein- oder mehrblütige Ährchen ist umgeben von 2 Hüllspelzen.
Fleurs hermaphrodites à périgone réduit à 2 glumelles : une glumelle interne (paléole) et une glumelle externe (lemme) portant parfois une arête.	Blüten zwittrig, Blütenhülle reduziert auf 2 Blütenspelzen (Vor- und Deckspelze). Die Deckspelze manchmal in eine Granne verlängert.
3 étamines.	3 Staubblätter.
2 stigmates plumeux. Ovaire supère.	2 fedrige Griffel. Fruchtknoten oberständig.
Caryopse : akène dont le péricarpe est entièrement soudé à la graine.	Karyopse: Achäne, deren Fruchtwand vollständig mit dem Samen verwachsen ist.
Tige ronde et creuse (chaume), avec nœuds.	Stängel (Halm) rund und hohl, mit Knoten.

400

- *Agrostis capillaris*
- *Agrostis stolonifera*
- *Alopecurus pratensis*
- *Anthoxanthum odoratum*
- *Arrhenatherum elatius*
- *Avenella flexuosa*
- *Brachypodium pinnatum* aggr.
- *Brachypodium sylvaticum*
- *Briza media*
- *Bromus erectus*
- *Bromus hordeaceus*
- *Bromus sterilis*
- *Bromus tectorum*
- *Calamagrostis varia*
- *Cynosurus cristatus*
- *Dactylis glomerata*
- *Deschampsia cespitosa*
- *Elymus repens*
- *Festuca pratensis*
- *Festuca rubra*
- *Festuca valesiaca*
- *Helictotrichon pubescens*
- *Holcus lanatus*
- *Hordeum murinum*
- *Lolium multiflorum*
- *Lolium perenne*
- *Melica nutans*
- *Milium effusum*
- *Molinia caerulea*
- *Nardus stricta*
- *Phleum pratense* aggr.
- *Phragmites australis*
- *Poa annua*
- *Poa bulbosa*
- *Poa pratensis*
- *Poa trivialis*
- *Sesleria caerulea*
- *Stipa pennata* aggr.
- *Trisetum flavescens*

(T 2) • E (1-)3(-6) • C ((2-)3)

Bromus

Epillet long
Langes Ährchen

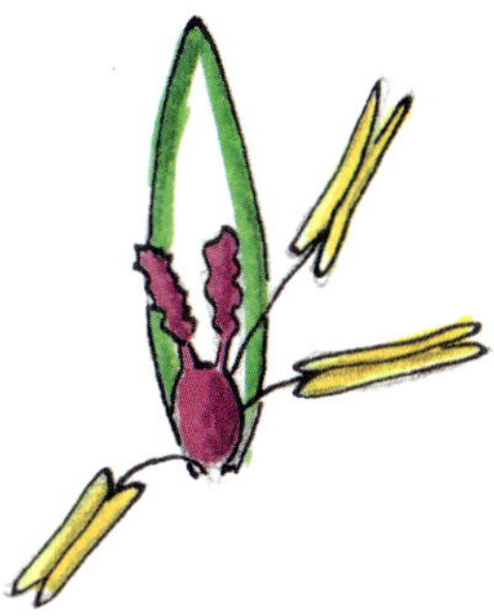

Fleur avec glumelle interne
Blüte mit Vorspelze

Glumelle externe avec arête
Deckspelze mit Granne

Feuille et gaine ciliées
Blatt und Scheide bewimpert

Bromus erectus

Brome	Trespe
Feuilles et gaines gén. pubescentes et soudée jusqu'à l'insertion des feuilles.	Blätter und Blattscheiden meist behaart und bis zum Blattansatz verwachsen.
Inflorescence en panicule à épillets multiflores, grands (>1.5 cm).	Rispe mit mehrblütigen, langen Ährchen (>1.5 cm).
Glumelle externe aristée.	Deckspelze begrannt.

400
– *Bromus erectus*
– *Bromus hordeaceus*

Lolium

Épillet appliqué à l'axe par le côté étroit
Ährchen mit schmaler Seite an der Blütenachse anliegend

Fleur sans arête
Blüte ohne Granne

Lolium perenne

Ivraie

Raygras

Feuilles et gaines glabres, ouvertes. Limbe nettement sillonné, luisant dessous, oreillettes à la base.

Blätter und Blattscheiden kahl, nicht verwachsen. Blattspreite deutlich gerillt, Unterseite glänzend, mit Öhrchen.

Inflorescence en épi.
Épillets mutilflores, appliqués à l'axe de l'inflorescence par leur côté étroit, de ce fait, glume supérieure absente (chez *Elymus* l'épillet est appliqué à l'axe par le côté large).

Ähre zusammengesetzt aus mehrblütigen Ährchen, deren schmale Seite an der Blütenachse anliegt (Ährchen mit flacher Seite an der Blütenachse stehend bei *Elymus*). Innere Hüllspelze fehlend.

400 – *Lolium multiflorum*
– *Lolium perenne*

Poa

Épillet petit, sans arrête
Kleines Ährchen, ohne Granne

Fleur ouverte
Offene Blüte

Poa annua

Pâturin

Feuilles et gaines glabres. Limbe lisse à nervure centrale bien visible. Feuilles à pointe carénée (capuchon).

Inflorescence en panicule à épillets multiflores, petits (2–4 mm), sans arête. Épillets comprimés, glumelles à dos caréné (glumelles arrondies chez *Festuca*).

Rispengras

Blätter und Blattscheiden kahl. Blattspreite glatt, mit deutlichem Mittelnerv. Blattspitz gekielt (Kapuze).

Rispe mit mehrblütigen, kleinen Ährchen (2–4 mm), ohne Granne. Ährchen seitlich zusammengedrückt, Hüllspelzen gefaltet (Hüllspelzen rundlich bei *Festuca*).

400

- *Poa annua*
- *Poa bulbosa*
- *Poa pratensis*
- *Poa trivialis*

Plantago

4 étamines saillantes
4 herausragende Staubblätter

Plantago media

Plantain	Wegerich
Feuilles en rosette basale. Nervures principales parallèles.	Blätter in grundständiger Rosette. Haupt-Blattnerven parallel.
Inflorescense en épi dense, sphérique ou cylindrique sur un long pédoncule (= hampe).	Blütenstand eine dichte, rundliche oder zylindrische Ähre am Ende eines langen Blütenstiels (Schaft).
Corolle actinomorphe, tétramère, soudée. Fleurs petites, blanchâtres ou brunâtres.	Kronblätter radiärsymmetrisch, 4-zählig, verwachsen. Blüten klein, weisslich oder bräunlich.
4 étamines saillantes.	4 herausragende Staubblätter.
Capsule.	Kapsel.

400
- *Plantago lanceolata*
- *Plantago major*
- *Plantago media*

Veronica

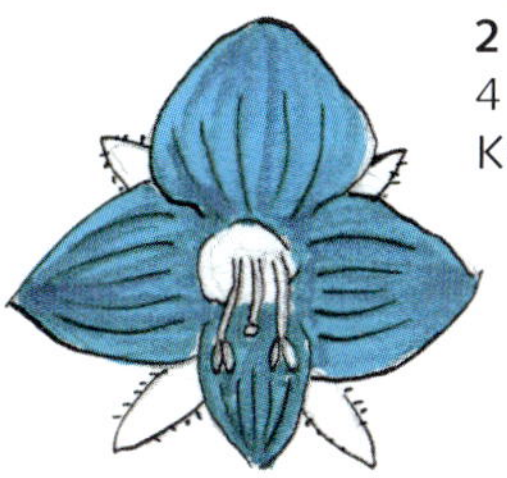

4 pétales soudés à la base, 2 étamines
4 am Grund verwachsene Kronblätter, 2 Staubblätter

Capsule en forme de cœur
Herzförmige Kapsel

Veronica persica

Véronique	Ehrenpreis
Feuilles inf. opposées, les sup. alternes (bractées).	Untere Stängelblätter gegenständig, obere (Tragblätter) wechselständig.
Inflorescence en grappe latérale ou terminale ou fleurs solitaires à l'aisselle des feuilles/bractées.	Blütenstand endständige oder seitliche Trauben, oder Blüten einzeln in den Blattachseln.
Corolle faiblement zygomorphe. 4 pétales soudés à la base, souvent bleus.	4 am Grund verwachsene Kronblätter, leicht monosymmetrisch, oft bläulich.
2 étamines saillantes.	2 herausragende Staubblätter.
Capsule comprimée, souvent échancrée en forme de cœur.	Flache Kapsel, oft herzförmig ausgerandet.
La présence et la disposition des poils sont un critère de détermination.	Die Behaarung ist ein wichtiges Bestimmungsmerkmal.

400

- *Veronica arvensis*
- *Veronica beccabunga*
- *Veronica chamaedrys*
- *Veronica filiformis*
- *Veronica hederifolia*
- *Veronica persica*
- *Veronica urticifolia*

Polygonaceae

Polygonacées	Knöterichgewächse
Feuilles alternes, avec stipules soudées en une gaine membraneuse (= ochréa).	Blätter wechselständig, Nebenblätter zu einer häutigen Blattscheide verwachsen (Ochrea).
Inflorescence en glomérule, en grappe ou en panicule.	Blüten in Trauben, Rispen oder Köpfchen.
3–6 tépales. Fleurs discrètes, gén. trimères (*Rumex*), ou pentamères (*Polygonum*). Périgone peu coloré.	3–6 Perigonblätter. Blüten klein, meist 3-zählig (*Rumex*) oder 5-zählig (*Polygonum*). Meist weisslich.
2–9 étamines, 6 chez *Rumex*.	2–9 Staubblätter, 6 bei *Rumex*.
Gén. 3 carpelles soudés.	Meist 3 verwachsene Fruchtblätter.
Akènes trigones. Ailés chez *Rumex* et *Reynoutria* grâce aux tépales persistants et accrescents.	3-kantige Achäne, bei *Rumex* und *Reynoutria* geflügelt durch nicht abfallende, sich verlängernde Perigonblätter.
Plantes souvent rudérales.	Oft Ruderalpflanzen.

400

- *Polygonum aviculare*
- *Polygonum bistorta*
- *Polygonum persicaria*
- *Reynoutria japonica*
- *Rumex acetosa*
- *Rumex obtusifolius*
- *Rumex scutatus*

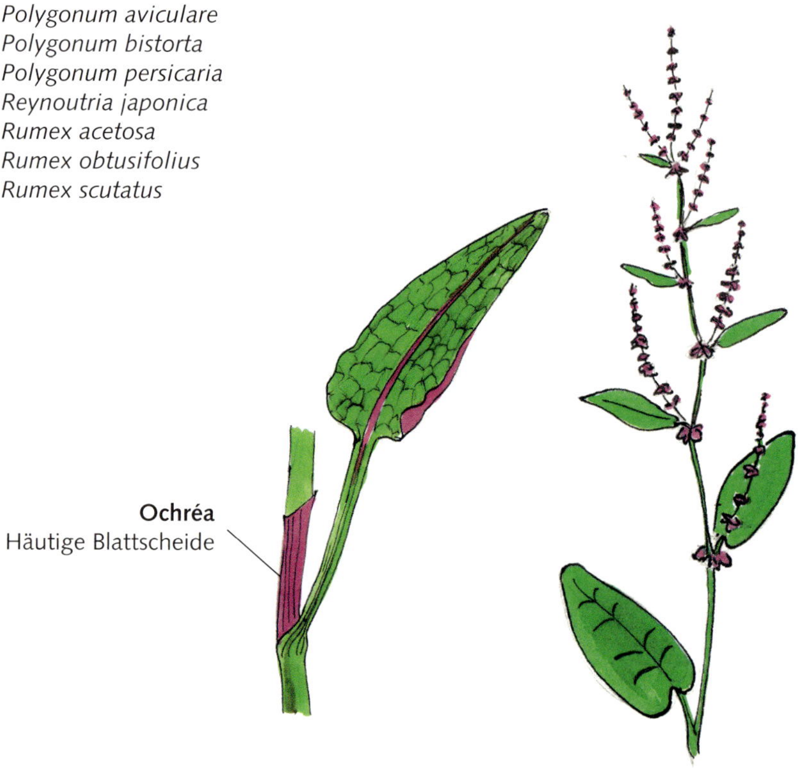

Rumex obtusifolius

T (4-)5-6 • E (2-)6(-9) • C (2-)3

Primulaceae

Primulacées	Primelgewächse
Feuilles opposées ou en rosette basale.	Blätter gegenständig oder grundständige Rosette.
Inflorescence en ombelle, en grappe (*Lysimachia*), solitaires ou par 2–3 fleurs.	Blüten in Dolden, Trauben (*Lysimachia*), einzeln oder zu 2–3.
5 sépales et 5 pétales soudés formant chez *Primula* un tube allongé.	5 verwachsene Kelch- und 5 verwachsene Kronblätter, bei *Primula* röhrenförmig.
5 étamines, soudées au tube de la corolle.	5 Staubblätter, die mit den Kronblättern verwachsen sind.
3–5 carpelles soudés.	3–5 verwachsene Fruchtblätter.
Capsule.	Kapsel.
Espèces alpines nombreuses.	Zahlreiche alpine Arten.

400
- *Anagallis arvensis*
- *Lysimachia nemorum*
- *Primula elatior*
- *Primula farinosa*
- *Primula veris*

Primula veris

S(5[-7]) • P(5[-7]) • E 5[-7] • C(3-5)

Ranunculaceae

Renonculacées

Feuilles alternes (opposées chez *Clematis*), de forme très variée. Feuilles basales souvent très différentes des feuilles caulinaires. Certains genres ont des bractées en verticille ressemblant à des feuilles (*Anemone*).
Absence de stipules.

Inflorescence en grappe, panicule, cyme ou fleurs solitaires.

Fleurs très variées, gén. actinomorphes, parfois zygomorphes (*Aconitum*). Chez certains genres, le calice et la corolle ne sont pas différenciés (*Anemone*).

Nombreuses étamines.

Gén. nombreux carpelles libres.
Ovaire supère.

Fruits variés :
Akène : *Ranunculus, Anemone, Clematis, Pulsatilla*
Follicule : *Helleborus, Aquilegia, Caltha, Trollius, Aconitum*
Capsule : *Nigella*

Des nectaires sont souvent présents, parfois transformés en pétales.

Hahnenfussgewächse

Blätter wechselständig (gegenständig bei *Clematis*), Blattform äusserst vielfältig. Grundständige Blätter oft anders geformt als die Stängelblätter. Einige Gattungen haben blattähnliche, quirlständige Hochblätter (*Anemone*).
Keine Nebenblätter.

Blütenstand eine Traube, Rispe oder Einzelblüte.

Blüten sehr vielfältig, meist radiärsymmetrisch, manchmal monosymmetrisch (*Aconitum*). Bei einigen Gattungen sind Kelch und Kronblätter nicht ausdifferenziert (*Anemone*).

Staubblätter zahlreich.

Fruchtblätter meist zahlreich, nicht verwachsen. Fruchtknoten oberständig.

Vielfältige Fruchttypen:
Achäne: *Ranunculus, Anemone, Clematis, Pulsatilla*
Balgfrucht: *Helleborus, Aquilegia, Caltha, Trollius, Aconitum*
Kapsel: *Nigella*

Blüten weisen oft Nektarien auf, die manchmal Kronblätter imitieren.

400

- *Aconitum lycoctonum*
- *Aconitum napellus*
- *Anemone nemorosa*
- *Aquilegia vulgaris*
- *Caltha palustris*
- *Clematis vitalba*
- *Helleborus foetidus*
- *Ranunculus aconitifolius*
- *Ranunculus acris*
- *Ranunculus bulbosus*
- *Ranunculus ficaria*
- *Ranunculus platanifolius*
- *Ranunculus repens*
- *Thalictrum aquilegiifolium*
- *Trollius europaeus*

ou | oder S (ou | oder T) 5-∞ • P 0-5-∞ • E ∞ • C 1-∞

Ranunculus

Sépales recourbés
Kelchblätter zurückgeschlagen

Ranunculus bulbosus

5 pétales libres
5 freie Kronblätter

Nombreux akènes
Zahlreiche Achänen

Renoncule	Hahnenfuss
Feuilles variées, gén. palmées à segments profondément découpés.	Blätter vielfältig, meist tief handförmig gespalten.
5 sépales libres gén. verts et 5 pétales libres (8–11 chez *Ranunculus ficaria*) blancs ou jaunes possédant une zone nectarifère à la base.	5 meist grüne freie Kelchblätter und 5 freie Kronblätter (8–11 bei *Ranunculus ficaria*), weiss oder gelb, am Grund mit Nektarien.
Akènes groupés en infrutescences denses.	Zahlreiche Achänen in einem dichten Fruchtstand.
Ranunculus peut se confondre avec *Potentilla* et *Geum*. *Ranunculus* : pas de stipules.	*Ranunculus* kann mit *Potentilla* und *Geum* verwechselt werden. *Ranunculus*: ohne Nebenblätter.

400
- *Ranunculus aconitifolius*
- *Ranunculus acris*
- *Ranunculus bulbosus*
- *Ranunculus ficaria*
- *Ranunculus platanifolius*
- *Ranunculus repens*

Rosaceae

Rosacées	Rosengewächse
Feuilles alternes, simples ou composées, de formes variées. Stipules gén. présentes, parfois rapidement caduques.	Blätter wechselständig, einfach oder zusammengesetzt, Blattform vielfältig. Nebenblätter meist vorhanden, teils früh abfallend.
Inflorescences variées.	Blütenstand vielfältig.
Fleurs gén. à 5 sépales, 5 pétales.	Meist 5 Kelchblätter, 5 Kronblätter.
Nombreuses étamines.	Zahlreiche freie Staubblätter.
1-∞ carpelles libres, ovaire super ou infère.	1-∞ freie Fruchtblätter. Fruchtknoten ober- oder unterständig.
Fruits variés.	Vielfältige Fruchttypen.
Famille très diversifiée. Importante pour la production de fruits.	Sehr vielfältige Familie. Wichtig für die Obst- und Beerenproduktion.

400

- *Amelanchier ovalis*
- *Crataegus laevigata*
- *Crataegus monogyna*
- *Filipendula ulmaria*
- *Fragaria vesca*
- *Geum rivale*
- *Geum urbanum*
- *Potentilla anserina*
- *Potentilla erecta*
- *Potentilla reptans*
- *Potentilla sterilis*
- *Prunus avium*
- *Prunus mahaleb*
- *Prunus padus*
- *Prunus spinosa*
- *Rosa canina* aggr.
- *Rubus caesius*
- *Rubus idaeus*
- *Sanguisorba minor*
- *Sorbus aria*
- *Sorbus aucuparia*
- *Sorbus torminalis*

Tableau comparatif des sous-familles Vergleichstabelle der Unterfamilien

Maloideae *Sorbus* 	Prunoideae *Prunus* 	Rosoideae *Fragaria, Potentilla, Geum, Alchemilla, Rosa, Rubus* 
« Faux-fruit » charnu de type pomme formé du réceptacle et de l'ovaire. Scheinfrucht (Apfelfrucht) gebildet aus Blütenboden und Fruchtknoten.	**1 seul carpelle se transformant en drupe.** Einzelnes Fruchtblatt, das sich zu einer Steinfrucht entwickelt.	**Akènes libres sur un réceptacle bombé *(Fragaria)* ou dans un réceptacle creux (*Rosa* : Cynorrhodon), drupéoles (*Rubus*).** Freistehende Achänen, entweder auf gewölbtem (*Fragaria*) oder krugförmigem Blütenboden (*Rosa*: Hagebutten), Steinfrucht (*Rubus*).

S (5) • P 5 • E 10-∞ • C 1-∞

Sorbus

Faux-fruit
Scheinfrucht

Sorbus aucuparia

Sorbier, Alisier	Vogelbeere, Mehlbeerbaum
Feuilles simples ou composées.	Blätter einfach oder zusammengesetzt.
Fleurs en corymbe.	Blüten in einer Schirmrispe.
5 sépales, 5 pétales.	5 Kelchblätter, 5 Kronblätter.
1–5 carpelles se transformant en « faux-fruit » charnu de type pomme, formé du réceptacle et de l'ovaire.	1–5 Fruchtblätter, die zusammen mit dem Blütenboden eine fleischige Apfelfrucht bilden.
Faux-fruit.	Scheinfrucht.
Arbres ou arbustes, non épineux	Bäume und Sträucher, ohne Stacheln.

400
– *Sorbus aria*
– *Sorbus aucuparia*
– *Sorbus torminalis*

Prunus

Fleur à 5 pétales
Blüte mit 5 Kronblättern

Drupe
Steinfrucht

Prunus spinosa

Cerisier, mérisier, épine noire, prunier	Kirsche, Traubenkirsche, Schwarzdorn, Pflaume
Feuilles simples gén. dentées, souvent avec 2 glandes nectarifères sur le pétiole.	Blätter einfach, meist gezähnt, oft mit 2 Nektarien am Blattstiel.
Fleurs solitaires, en grappe ou en corymbe.	Blüten einzeln, in Trauben oder Doldentrauben.
5 sépales, 5 pétales.	5 Kelchblätter, 5 Kronblätter.
1 carpelle.	1 Fruchtblatt.
Drupe contenant 1 noyau.	Steinfrucht mit 1 Kern.
Arbres ou arbustes, parfois épineux.	Bäume oder Sträucher, manche mit Stacheln.

400

- *Prunus avium*
- *Prunus mahaleb*
- *Prunus padus*
- *Prunus spinosa*

Potentilla

Potentille	Fingerkraut
Feuilles palmées (sauf *P. anserina* : feuilles pennées).	Blätter handförmig geteilt (ausser *P. anserina*: Blätter gefiedert).
Fleurs solitaires ou réunies en inflorescence peu ramifiée.	Blüten einzeln oder in wenig verzweigten Blütenständen.
5 pétales (sauf *P. erecta* 4 pétales), 5+5 sépales, calice double (calicule).	5 Kronblätter (ausser *P. erecta* mit 4 Kronblättern), 5+5 Kelchblätter (doppelter Kelch).
Akènes sur un réceptacle bombé demeurant sec à la fructification.	Achäne auf einem gewölbten, nicht fleischig werdenden Blütenboden.
Se distingue du genre *Ranunculus* par le calice double (calicule) et la présence de stipules.	Unterscheidet sich von der Gattung *Ranunculus* durch den doppelten Kelch und die Nebenblätter.

400

- *Potentilla anserina*
- *Potentilla erecta*
- *Potentilla reptans*
- *Potentilla sterilis*

Rubiaceae

Rubiacées	Rötegewächse
Feuilles opposées, linéaires à ovales, avec stipules semblables aux feuilles paraissant ainsi verticillées.	Blätter gegenständig, lineal bis oval, mit blattähnlichen Nebenblättern, scheinbar in einem Quirl.
Inflorescence gén. en cyme composée ou panicule ± contractée, terminale ou axillaire.	Blütenstand meist in endständigen oder achselständigen zusammengesetzten Wickeln oder ± ausgebreiteten Rispen.
4 sépales soudés minuscules ou absents, 4 pétales soudés en tube à la base.	4 verwachsene, sehr kleine oder ganz fehlende Kelchblätter, 4 am Grund röhrenförmig verwachsene Kronblätter.
4 étamines.	4 Staubblätter.
2 carpelles soudés. Ovaire infère.	2 verwachsene Fruchtblätter. Fruchtknoten unterständig.
Diakène (baie chez *Rubia*).	Doppelachäne (Beere bei *Rubia*).
Tige souvent carrée. Dans les régions tropicales, famille avec beaucoup d'espèces ligneuses (p.ex. *Coffea* spp. = caféiers).	Stängel oft 4-kantig. In tropischen Breiten zahlreiche verholzte Arten (z.B. *Coffea* spp. = Kaffeepflanzen).

400

- *Cruciata laevipes*
- *Galium aparine*
- *Galium mollugo* aggr.
- *Galium odoratum*
- *Galium verum*

S(4[-5]) • P(4[-5]) • E 4[-5] • C($\overline{2}$)

Galium

Ovaire infère
Fruchtknoten unterständig

4 pétales soudés à la base
4 am Grund verwachsene Kronblätter

Diakène
Doppelachäne

Galium verum

Gaillet	Labkraut
Feuilles en verticille de 4–12.	Blätter in 4–12-blättrigem Quirl.
Tube corollaire plus court que les lobes de la corolle. Corolle blanche ou jaune.	Röhre der verwachsenen Kronblätter kürzer als die 4 ausgebreiteten Zipfel. Krone weiss oder gelb.
Diakène.	Doppelachäne.

400
- *Galium aparine*
- *Galium mollugo*
- *Galium odoratum*
- *Galium verum*

Salicaceae

Salicacées	Weidengewächse
Feuilles alternes, à bords souvent dentés ou lobés, stipules présentes, parfois rapidement caduques. Bourgeons à une seule ou plusieurs écailles.	Blätter wechselständig, Rand oft gezähnt oder gebuchtet, Nebenblätter vorhanden, teils früh abfallend. Knospen mit einer einzigen oder mit mehreren Knospenschuppen.
Inflorescence en chatons unisexués.	Blütenstand eingeschlechtliche Kätzchen.
Fleurs unisexuées, sans périanthe, mais avec une écaille (bractée) laquelle est poilue chez *Salix* et dentée-frangée chez *Populus*.	Blüten eingeschlechtlich, ohne Blütenhülle, in den Achseln von Tragblättern, diese bewimpert (*Salix*), gezähnt oder gefranst (*Populus*).
2–∞ étamines.	2–∞ Staubblätter.
2(–4) carpelles soudés formant un ovaire à une seule loge. Ovaire supère.	2(–4) verwachsene Fruchtblätter, einen einkammrigen Fruchtknoten bildend. Fruchtknoten oberständig.
Capsule. Graines minuscules et nombreuses munies d'une touffe de poils soyeux facilitant la dispersion par le vent.	Kapsel. Zahlreiche kleinste Samen, die zur Verbreitung durch den Wind einen wolligen Haarschopf tragen.
Plantes ligneuses, dioïques. Souvent dans les forêts alluviales, les zones humides et les milieux pionniers.	Zweihäusige Gehölzpflanzen. Oft in Auenwäldern, Feuchtgebieten oder an Pionierstandorten.

400

- *Populus alba*
- *Populus tremula*
- *Salix alba*
- *Salix caprea*
- *Salix elaeagnos*
- *Salix purpurea*

Fleur Blute ♂: ✱ S 0 • P 0 • E 2-∞

Fleur Blute ♀: ✱ S 0 • P 0 • C (2-4)

Populus

Fleur mâle
Männliche Blüte

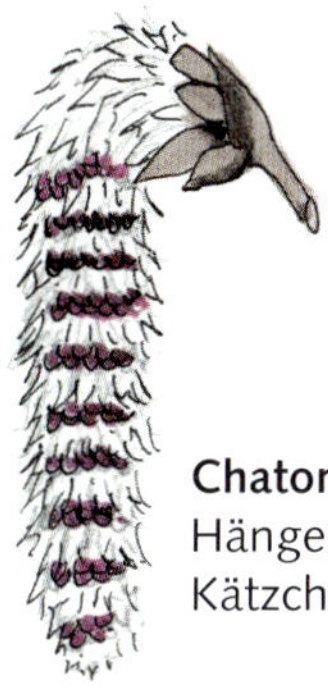

Chaton mâle pendant
Hängendes männliches Kätzchen

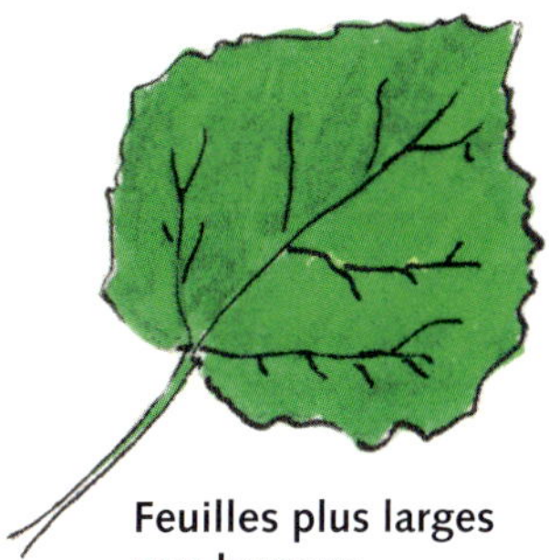

Feuilles plus larges que longues
Blätter breiter als lang

Fleur femelle
Weibliche Blüte

Chaton femelle pendant
Hängendes weibliches Kätzchen

Populus tremula

Peuplier	Pappel
Feuilles gén. plus larges que longues (cordées à orbiculaires). Bourgeons avec de multiples écailles.	Blätter meist breiter als lang (herzförmig bis oval). Knospen mit mehreren Knospenschuppen.
Chatons (mâles et femelles) allongés, flexibles, pendants.	Männliche und weibliche Kätzchen langgezogen, beweglich, hängend.
Fleur avec écaille (bractée) à bord denté, lacinié ou barbu.	Blüten mit gezähntem, gefranstem oder bärtigem Tragblatt.
8–30 étamines.	8–30 Staubblätter.
Pollinisation par le vent.	Windbestäubung.

400 – *Populus alba*
– *Populus tremula*

Salix

Fleur mâle
Männliche Blüte

Chaton mâle dressé
Aufrechtes männliches Kätzchen

Fleur femelle
Weibliche Blüte

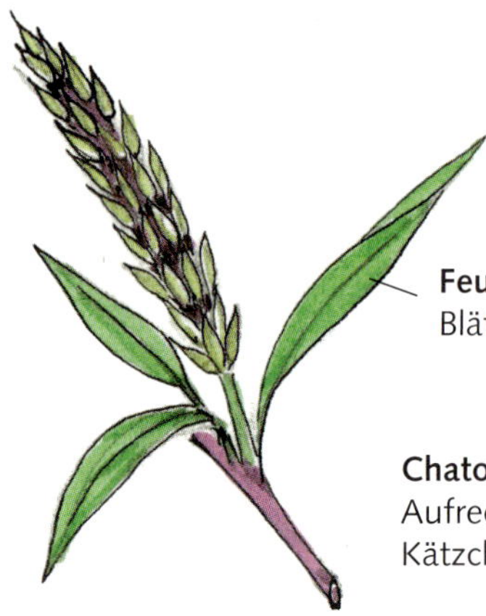

Feuilles plus longues que larges
Blätter länger als breit

Chaton femelle dressé
Aufrechtes weibliches Kätzchen

Salix alba

Saule	Weide
Feuilles gén. plus longues que larges. Bourgeons à une seule écaille.	Blätter meist länger als breit. Knospen mit einer einzigen Knospenschuppe.
Chatons mâles et femelles dressés.	Männliche und weibliche Kätzchen aufrecht.
Fleur avec une écaille (bractée) à bord entier et cilié (écaille poilue). Glandes nectarifères à la base des fleurs.	Blüten mit ganzrandigem, bewimpertem Tragblatt. Nektardrüsen am Grund der Blüten.
Gén. 2 étamines.	Meist 2 Staubblätter.
Arbre ou arbustes, sous-arbrisseaux en espalier (espèces alpines). Pollinisation par le vent ou les insectes (plantes mellifères).	Bäume, Sträucher oder teppichbildende Zwergsträucher (alpine Arten). Wind- oder Insektenbestäubung (reichhaltige Bienenweiden).

400
- *Salix alba*
- *Salix caprea*
- *Salix elaeagnos*
- *Salix purpurea*

Solanaceae

Solanacées	Nachtschattengewächse
Feuilles alternes.	Blätter wechselständig.
Inflorescence souvent en cyme hélocoïdale ramifiée.	Blütenstand oft ein zusammengesetzter Wickel.
5 sépales soudés gén. persistant à la fructification et enveloppant le fruit, 5 pétales soudés.	5 verwachsene Kelchblätter, die meist nicht abfallen und bei Fruchtreife die Frucht umgeben, 5 verwachsene Kronblätter.
5 étamines.	5 Staubblätter.
2 carpelles soudés. Ovaire supère.	2 verwachsene Fruchtblätter. Fruchtknoten oberständig.
Baie, rarement capsule.	Beere, selten Kapsel.
De nombreuses espèces contiennent des alcaloïdes toxiques.	Viele Arten enthalten giftige Alkaloide.

400

- *Atropa bella-donna*
- *Solanum dulcamara*

5 pétales soudées
5 verwachsene Kronblätter

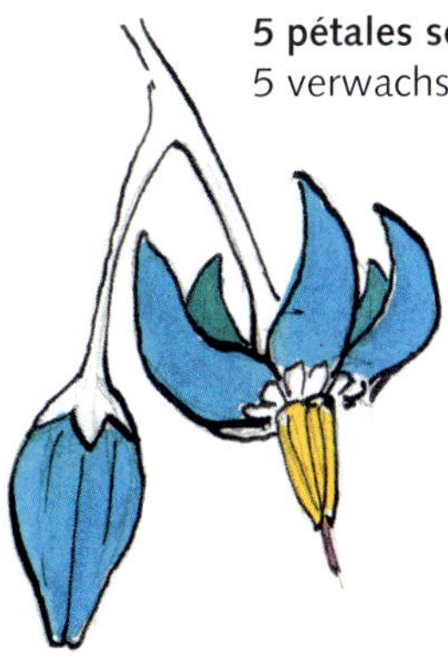

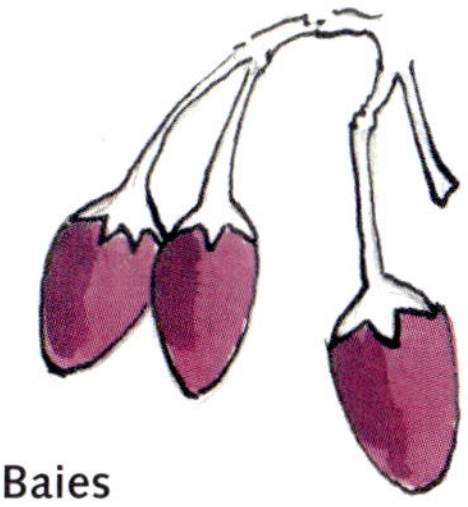

Baies
Beeren

Solanum dulcamara

S(5) • P(5) • E 5 • C(2)

Violaceae

Violacées

Veilchengewächse

Feuilles alternes, gén. dentées, avec stipules. Souvent avec rosette basale. Parfois plante acaule.

Blätter wechselständig, meist gezähnt, mit Nebenblättern. Oft mit grundständiger Rosette. Pflanze manchmal stängellos.

Fleurs solitaires.

Blüten einzeln.

Fleur zygomorphe. 5 sépales libres, 5 pétales libres dont l'inf. est prolongé en éperon et contient du nectar.

Blüte monosymmetrisch. 5 freie Kelchblätter, 5 freie Kronblätter, das unterste in einen nektartragenden Sporn verlängert.

5 étamines.

5 Staubblätter.

3 carpelles soudés. Ovaire supère.

3 verwachsene Fruchtblätter. Fruchtknoten oberständig.

Capsule à 3 loges. Graines à élaïosome (poche à huile) chez certaines espèces.

3-teilige Kapsel. Die Samen von einigen Arten mit Elaiosom (öltragendes Anhängsel).

La détermination des *Viola* est difficile et des hybrides sont fréquents. La forme et le bord des stipules est importante pour la détermination.

Die Bestimmung der Veilchenarten ist schwierig und Hybride sind häufig. Form und Rand der Nebenblätter sind wichtig für die Bestimmung.

400

- *Viola biflora*
- *Viola hirta*
- *Viola reichenbachiana*
- *Viola tricolor*

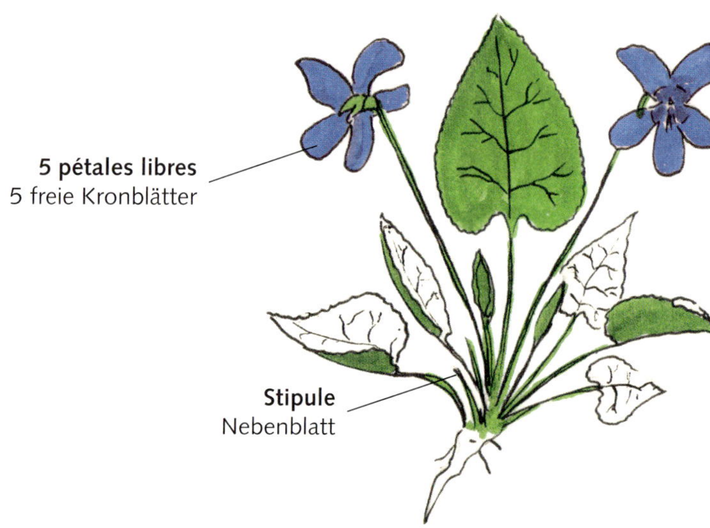

Viola hirta

S 5 • P 5 • E 5 • C (3)

Formules florales | Blütenformeln

Apiaceae	✲ S (5) • P 5 • E 5 • C $\overline{(2)}$
Asteraceae	✲ ou | oder ↑ S 5 • P (5) • E 5 • C $\overline{(2)}$
Betulaceae	Fleur / Blüte ♂: ✲ T 0-6 • E 1-4 Fleur / Blüte ♀: ✲ T 0-6 • C $\overline{(2)}$
Boraginaceae	✲ S (5) • P (5) • E 5 • C $\underline{(2)}$
Brassicaceae	✲ ou | oder ↑ S 2+2 • P 2+2 • E 2+4 • C $\underline{(2)}$
Campanulaceae	✲ S (5) • P (5) • E 5 • C $\overline{(3)}$
Caryophyllaceae	✲ S (4-5) • P 0-4-5 • E 3-5-10 • C $\underline{(2\text{-}5)}$
Cyperaceae	✲ [T 0-6] • E [1-]3[-6] • C $\underline{([2\text{-}]3)}$
Fabaceae	↑ S (5) • P (5) • E 10 • C $\underline{1}$
Fagaceae	Fleur / Blüte ♂: ✲ T (3-7) • E [4-]6[-∞] Fleur / Blüte ♀: ✲ T (3-7) • C $\overline{(3)}$
Gentianaceae	✲ S (4-5) • P (4-5) • E 4-5 • C $\underline{(2)}$
Geraniaceae	✲ [ou | oder ↑] S (5) • P 5 • E 5+5 • C $\underline{(5)}$
Juncaceae	✲ T 3+3 • E 3+3 • C $\underline{(3)}$
Lamiaceae	↑ S (5) • P (2+3) • E 2+2 • C $\underline{(2)}$
Orchidaceae	↑ T (3+3) • E 1[-2] • C $\overline{(3)}$

Pinaceae	**Pas de formule florale** | keine Blütenformel
Poaceae	* (T 2) • E (1-)3(-6) • C ((2-)3)
Polygonaceae	* T ((4-)5-6) • E (2-)6(-9) • C ((2-)3)
Primulaceae	* S (5(-7)) • P (5(-7)) • E 5(-7) • C (3-5)
Ranunculaceae	* ou | oder ↑ S (ou | oder T) 5-∞ • P 0-5-∞ • E ∞ • C 1-∞
Rosaceae	* S (5) • P 5 • E 10-∞ • C (1-∞)
Rubiaceae	* S (4(-5)) • P (4(-5)) • E 4(-5) • C (2)
Salicaceae	Fleur | Blüte ♂: * S 0 • P 0 • E 2-∞ Fleur | Blüte ♀: * S 0 • P 0 • C (2-4)
Solanaceae	* S (5) • P (5) • E 5 • C (2)
Violaceae	↑ S 5 • P 5 • E 5 • C (3)

Adoxaceae

Sambucus nigra
Sambucus racemosa
Viburnum lantana
Viburnum opulus

Amaranthaceae

Chenopodium album

Amaryllidaceae

Allium ursinum
Galanthus nivalis
Leucojum vernum

Apiaceae

Aegopodium podagraria
Anthriscus sylvestris
Astrantia major
Carum carvi
Chaerophyllum hirsutum
Daucus carota
Heracleum sphondylium
Laserpitium latifolium
Laserpitium siler
Peucedanum ostruthium
Sanicula europaea

Apocynaceae

Vinca minor
Vincetoxicum hirundinaria

Aquifoliaceae

Ilex aquifolium

Araceae

Arum maculatum

Araliaceae

Hedera helix

Asparagaceae

Anthericum liliago
Convallaria majalis
Maianthemum bifolium
Polygonatum multiflorum
Polygonatum odoratum

Aspleniaceae

Asplenium ruta-muraria
Asplenium trichomanes

Asteraceae

Achillea millefolium
Adenostyles alliariae
Adenostyles alpina
Artemisia absinthium
Artemisia campestris
Artemisia vulgaris
Bellis perennis
Carduus personata
Centaurea cyanus
Centaurea jacea
Centaurea montana
Centaurea scabiosa
Cichorium intybus
Cirsium arvense
Cirsium oleraceum
Crepis biennis
Crepis capillaris
Erigeron annuus
Eupatorium cannabinum
Hieracium murorum aggr.
Hieracium pilosella
Lapsana communis
Leontodon hispidus
Leucanthemum vulgare
Matricaria chamomilla
Matricaria discoidea
Petasites albus
Petasites hybridus
Prenanthes purpurea
Senecio vulgaris
Solidago canadensis
Solidago gigantea
Solidago virgaurea
Sonchus oleraceus
Taraxacum officinale aggr.
Tragopogon pratensis
Tussilago farfara

Athyriaceae

Athyrium filix-femina

Balsaminaceae

Impatiens glandulifera
Impatiens noli-tangere
Impatiens parviflora

Berberidaceae

Berberis vulgaris

Betulaceae

Alnus glutinosa
Alnus incana
Betula pendula
Carpinus betulus
Corylus avellana

Boraginaceae

Echium vulgare
Myosotis arvensis
Pulmonaria obscura
Symphytum officinale

Brassicaceae

Alliaria petiolata
Arabidopsis thaliana
Capsella bursa-pastoris
Cardamine heptaphylla
Cardamine hirsuta
Cardamine pratensis
Lunaria annua
Sinapis arvensis
Thlaspi arvense

Campanulaceae

Campanula rhomboidalis
Campanula rotundifolia
Campanula trachelium
Phyteuma betonicifolium
Phyteuma spicatum

Cannabaceae

Humulus lupulus

Caprifoliaceae

Knautia arvensis
Lonicera alpigena
Lonicera caerulea
Lonicera nigra
Lonicera xylosteum
Scabiosa columbaria
Valeriana officinalis
Valerianella locusta

Caryophyllaceae

Cerastium fontanum
Dianthus carthusianorum
Dianthus superbus
Dianthus sylvestris
Gypsophila repens
Saponaria ocymoides
Saponaria officinalis
Silene dioica
Silene flos-cuculi
Silene nutans
Silene pratensis
Silene vulgaris
Stellaria media
Stellaria nemorum

Celastraceae

Euonymus europaeus
Parnassia palustris

Cistaceae

Helianthemum nummularium

Colchicaceae

Colchicum autumnale

Convolvulaceae

Calystegia sepium
Convolvulus arvensis

Cornaceae

Cornus sanguinea

Crassulaceae

Sedum album
Sedum sexangulare
Sempervivum arachnoideum

Cupressaceae

Juniperus communis subsp. *communis*
Juniperus sabina

Cyperaceae

Carex caryophyllea
Carex davalliana
Carex digitata
Carex echinata
Carex elata
Carex flacca
Carex flava
Carex hirta
Carex muricata aggr.
Carex nigra
Carex pallescens
Carex panicea
Carex pendula
Carex sylvatica
Eriophorum angustifolium
Eriophorum latifolium
Schoenus nigricans
Scirpus sylvaticus
Trichophorum cespitosum

Dennstaedtiaceae

Pteridium aquilinum

Droseraceae

Drosera rotundifolia

Dryopteridaceae

Dryopteris filix-mas

Elaeagnaceae

Hippophaë rhamnoides

Equisetaceae

Equisetum arvense
Equisetum hyemale
Equisetum telmateia

Ericaceae

Calluna vulgaris
Erica carnea
Rhododendron ferrugineum
Rhododendron hirsutum
Vaccinium myrtillus
Vaccinium uliginosum aggr.

Euphorbiaceae

Euphorbia amygdaloides
Euphorbia cyparissias
Mercurialis perennis

Fabaceae

Anthyllis vulneraria
Hippocrepis comosa
Laburnum anagyroides
Lathyrus pratensis
Lathyrus vernus
Lotus corniculatus
Medicago lupulina
Medicago sativa
Melilotus albus
Melilotus officinalis
Onobrychis viciifolia
Robinia pseudoacacia
Securigera varia
Trifolium dubium
Trifolium medium
Trifolium montanum
Trifolium pratense
Trifolium repens
Vicia cracca
Vicia sativa
Vicia sepium

Fagaceae

Castanea sativa
Fagus sylvatica
Quercus petraea
Quercus pubescens
Quercus robur

Gentianaceae

Gentiana acaulis
Gentiana clusii
Erodium cicutarium

Geraniaceae

Geranium pyrenaicum
Geranium robertianum
Geranium sanguineum
Geranium sylvaticum

Hypericaceae

Hypericum perforatum

Iridaceae

Iris pseudacorus
Iris sibirica

Juglandaceae

Juglans regia

Juncaceae

Juncus alpinoarticulatus
Juncus effusus
Juncus inflexus
Luzula campestris
Luzula pilosa
Luzula sylvatica

Lamiaceae

Ajuga reptans
Galeopsis tetrahit
Glechoma hederacea
Lamium album
Lamium galeobdolon
Lamium maculatum
Lamium purpureum
Melittis melissophyllum
Origanum vulgare
Prunella vulgaris
Salvia glutinosa
Salvia pratensis
Stachys recta
Stachys sylvatica
Thymus serpyllum aggr.

Lentibulariaceae

Pinguicula vulgaris

Liliaceae

Lilium martagon

Linaceae

Linum catharticum

Lycopodiaceae

Lycopodium annotinum

Malvaceae

Malva neglecta
Tilia cordata
Tilia platyphyllos

Melanthiaceae

Paris quadrifolia

Nymphaeaceae

Nuphar lutea
Nymphaea alba

Oleaceae

Fraxinus excelsior
Ligustrum vulgare

Onagraceae

Circaea lutetiana
Epilobium angustifolium
Epilobium montanum
Oenothera biennis aggr.

Orchidaceae

Cypripedium calceolus
Dactylorhiza maculata
Gymnadenia conopsea
Listera ovata
Neottia nidus-avis
Ophrys insectifera
Orchis mascula

Orobanchaceae

Melampyrum pratense
Melampyrum sylvaticum
Orobanche alba
Pedicularis verticillata
Rhinanthus alectorolophus
Rhinanthus minor

Oxalidaceae

Oxalis acetosella

Papaveraceae

Chelidonium majus
Papaver rhoeas

Pinaceae

Abies alba
Larix decidua
Picea abies
Pinus sylvestris

Plantaginaceae

Chaenorrhinum minus
Cymbalaria muralis
Digitalis grandiflora
Globularia cordifolia
Linaria vulgaris
Plantago lanceolata
Plantago major
Plantago media
Veronica arvensis
Veronica beccabunga
Veronica chamaedrys
Veronica filiformis
Veronica hederifolia
Veronica persica
Veronica urticifolia

Poaceae

Agrostis capillaris
Agrostis stolonifera
Alopecurus pratensis
Anthoxanthum odoratum
Arrhenatherum elatius
Avenella flexuosa
Brachypodium pinnatum aggr.
Brachypodium sylvaticum
Briza media
Bromus erectus
Bromus hordeaceus
Bromus sterilis
Bromus tectorum
Calamagrostis varia
Cynosurus cristatus
Dactylis glomerata
Deschampsia cespitosa
Elymus repens
Festuca pratensis
Festuca rubra
Festuca valesiaca
Helictotrichon pubescens
Holcus lanatus
Hordeum murinum
Lolium multiflorum
Lolium perenne
Melica nutans
Milium effusum
Molinia caerulea
Nardus stricta
Phleum pratense aggr.
Phragmites australis
Poa annua
Poa bulbosa
Poa pratensis
Poa trivialis
Sesleria caerulea
Stipa pennata aggr.
Trisetum flavescens

Polygalaceae

Polygala chamaebuxus
Polygala vulgaris

Polygonaceae

Polygonum aviculare aggr.
Polygonum bistorta
Polygonum persicaria
Reynoutria japonica
Rumex acetosa
Rumex obtusifolius
Rumex scutatus

Primulaceae

Anagallis arvensis
Lysimachia nemorum
Primula elatior
Primula farinosa
Primula veris

Ranunculaceae

Aconitum lycoctonum
Aconitum napellus
Anemone nemorosa
Aquilegia vulgaris
Caltha palustris
Clematis vitalba
Helleborus foetidus
Ranunculus aconitifolius
Ranunculus acris
Ranunculus bulbosus
Ranunculus ficaria
Ranunculus platanifolius
Ranunculus repens
Thalictrum aquilegiifolium
Trollius europaeus

Rhamnaceae

Frangula alnus
Rhamnus cathartica

Rosaceae

Amelanchier ovalis
Crataegus laevigata
Crataegus monogyna
Filipendula ulmaria
Fragaria vesca
Geum rivale
Geum urbanum
Potentilla anserina
Potentilla erecta
Potentilla reptans
Potentilla sterilis
Prunus avium
Prunus mahaleb
Prunus padus
Prunus spinosa
Rosa canina aggr.
Rubus caesius
Rubus idaeus
Sanguisorba minor
Sorbus aria
Sorbus aucuparia
Sorbus torminalis

Rubiaceae

Cruciata laevipes
Galium aparine
Galium mollugo aggr.
Galium odoratum
Galium verum

Salicaceae

Populus alba
Populus tremula
Salix alba
Salix caprea
Salix elaeagnos
Salix purpurea

Santalaceae

Viscum album

Sapindaceae

Acer campestre
Acer platanoides
Acer pseudoplatanus

Saxifragaceae

Chrysosplenium alternifolium
Saxifraga rotundifolia

Scrophulariaceae

Buddleja davidii
Verbascum lychnitis
Verbascum thapsus

Solanaceae

Atropa bella-donna
Solanum dulcamara

Taxaceae

Taxus baccata

Thymelaeaceae

Daphne mezereum

Tofieldiaceae

Tofieldia calyculata

Typhaceae

Typha latifolia

Ulmaceae

Ulmus glabra

Urticaceae

Urtica dioica

Verbenaceae

Verbena officinalis

Violaceae

Viola biflora
Viola hirta
Viola reichenbachiana
Viola tricolor

Liste 400 par ordre alphabétique | alphabetisch geordnet

Espèce I Art	Nom français	Deutscher Name	Famille I Famille
Abies alba	Sapin blanc	Weiss-Tanne	Pinaceae
Acer campestre	Erable champêtre	Feld-Ahorn	Sapindaceae
Acer platanoides	Erable plane	Spitz-Ahorn	Sapindaceae
Acer pseudoplatanus	Erable des montagnes, sycomore	Berg-Ahorn	Sapindaceae
Achillea millefolium	Achillée millefeuille	Gemeine Schafgarbe	Asteraceae
Aconitum lycoctonum	Aconit tue-loup	Hahnenfussblättriger Eisenhut	Ranunculaceae
Aconitum napellus	Aconit napel	Blauer Eisenhut	Ranunculaceae
Adenostyles alliariae	Adénostyle à feuilles d'alliaire	Grauer Alpendost	Asteraceae
Adenostyles alpina	Adénostyle glabre	Kahler Alpendost	Asteraceae
Aegopodium podagraria	Herbe-aux-goutteux	Geissfuss, Giersch	Apiaceae
Agrostis capillaris	Agrostide capillaire	Gemeines Straussgras	Poaceae
Agrostis stolonifera	Agrostide stolonifère	Kriechendes Straussgras	Poaceae
Ajuga reptans	Bugle rampante	Kriechender Günsel	Lamiaceae
Alliaria petiolata	Alliaire officinale	Knoblauchhederich	Brassicaceae
Allium ursinum	Ail des ours	Bärlauch	Amaryllidaceae
Alnus glutinosa	Aulne glutineux	Schwarz-Erle	Betulaceae
Alnus incana	Aulne blanchâtre	Grau-Erle	Betulaceae
Alopecurus pratensis	Vulpin des prés	Wiesen-Fuchsschwanz	Poaceae
Amelanchier ovalis	Amélanchier	Felsenmispel	Rosaceae
Anagallis arvensis	Mouron des champs	Acker-Gauchheil	Primulaceae
Anemone nemorosa	Anémone des bois	Busch-Windröschen	Ranunculaceae
Anthericum liliago	Anthéric à fleurs de lis	Astlose Graslilie	Asparagaceae
Anthoxanthum odoratum	Flouve odorante	Ruchgras	Poaceae
Anthriscus sylvestris	Cerfeuil des prés	Wiesen-Kerbel	Apiaceae
Anthyllis vulneraria	Anthyllide vulnéraire	Echter Wundklee	Fabaceae
Aquilegia vulgaris	Ancolie commune	Gemeine Akelei	Ranunculaceae
Arabidopsis thaliana	Arabette de Thalius	Schotenkresse	Brassicaceae
Arrhenatherum elatius	Fromental élevé, fenasse	Französisches Raygras, Glatthafer, Fromental	Poaceae
Artemisia absinthium	Absinthe	Echter Wermut, Absinth	Asteraceae
Artemisia campestris	Armoise des champs	Feld-Beifuss	Asteraceae
Artemisia vulgaris	Armoise commune	Gemeiner Beifuss	Asteraceae
Arum maculatum	Gouet	Gemeiner Aronstab	Araceae
Asplenium ruta-muraria	Rue des murailles	Mauerraute	Aspleniaceae
Asplenium trichomanes	Capillaire rouge	Braunstieliger Streifenfarn	Aspleniaceae
Astrantia major	Grande Astrance	Grosse Sterndolde	Apiaceae
Athyrium filix-femina	Fougère femelle	Wald-Frauenfarn	Woodsiaceae

Atropa bella-donna	Belladone	Tollkirsche	**Solanaceae**
Avenella flexuosa	Canche flexueuse	Drahtschmiele	**Poaceae**
Bellis perennis	Pâquerette vivace	Gänseblümchen	**Asteraceae**
Berberis vulgaris	Epine-vinette	Berberitze	**Berberidaceae**
Betula pendula	Bouleau pendant	Hänge-Birke	**Betulaceae**
***Brachypodium pinnatum* aggr.**	Brachypode penné	Fieder-Zwenke	**Poaceae**
Brachypodium sylvaticum	Brachypode des forêts	Wald-Zwenke	**Poaceae**
Briza media	Amourette	Zittergras	**Poaceae**
Bromus erectus	Brome dressé	Aufrechte Trespe	**Poaceae**
Bromus hordeaceus	Brome mou	Weiche Trespe	**Poaceae**
Bromus sterilis	Brome stérile	Taube Trespe	**Poaceae**
Bromus tectorum	Brome des toits	Dach-Trespe	**Poaceae**
Buddleja davidii	Buddléia de David	Sommerflieder, Buddleja	**Scrophulariaceae**
Calamagrostis varia	Calamagrostide bigarrée	Buntes Reitgras	**Poaceae**
Calluna vulgaris	Callune	Besenheide	**Ericaceae**
Caltha palustris	Populage des marais	Sumpf-Dotterblume	**Ranunculaceae**
Calystegia sepium	Liseron des haies	Echte Zaunwinde	**Convolvulaceae**
Campanula rhomboidalis	Campanule à feuilles rhomboïdales	Rautenblättrige Glockenblume	**Campanulaceae**
Campanula rotundifolia	Campanule à feuilles rondes	Rundblättrige Glockenblume	**Campanulaceae**
Campanula trachelium	Campanule gantelée	Nesselblättrige Glockenblume	**Campanulaceae**
Capsella bursa-pastoris	Capselle bourse-à-pasteur	Gemeines Hirtentäschel	**Brassicaceae**
Cardamine heptaphylla	Dentaire à sept folioles	Fiederblättrige Zahnwurz	**Brassicaceae**
Cardamine hirsuta	Cardamine à tiges nombreuses	Behaartes Schaumkraut	**Brassicaceae**
Cardamine pratensis	Cardamine des prés	Wiesen-Schaumkraut	**Brassicaceae**
Carduus personata	Chardon bardane	Kletten-Distel	**Asteraceae**
Carex caryophyllea	Laîche du printemps	Frühlings-Segge	**Cyperaceae**
Carex davalliana	Laîche de Davall	Davalls Segge	**Cyperaceae**
Carex digitata	Laîche digitée	Finger-Segge	**Cyperaceae**
Carex echinata	Laîche hérisson	Igelfrüchtige Segge	**Cyperaceae**
Carex elata	Laîche élevée	Steife Segge	**Cyperaceae**
Carex flacca	Laîche glauque	Schlaffe Segge	**Cyperaceae**
Carex flava	Laîche jaune	Gelbe Segge	**Cyperaceae**
Carex hirta	Laîche hérissée	Behaarte Segge	**Cyperaceae**
***Carex muricata* aggr.**	Laîche pointue	Stachel-Segge	**Cyperaceae**
Carex nigra	Laîche brune	Braune Segge	**Cyperaceae**
Carex pallescens	Laîche pâle	Bleiche Segge	**Cyperaceae**
Carex panicea	Laîche millet	Hirsen-Segge	**Cyperaceae**
Carex pendula	Laîche à épis pendants	Hänge-Segge	**Cyperaceae**
Carex sylvatica	Laîche des forêts	Wald-Segge	**Cyperaceae**

Carpinus betulus	Charme	Hagebuche	**Betulaceae**
Carum carvi	Cumin des prés	Wiesenkümmel	**Apiaceae**
Castanea sativa	Châtaigner	Edelkastanie	**Fagaceae**
Centaurea cyanus	Bleuet	Kornblume	**Asteraceae**
Centaurea jacea	Centaurée jacée	Wiesen-Flockenblume	**Asteraceae**
Centaurea montana	Centaurée des montagnes	Berg-Flockenblume	**Asteraceae**
Centaurea scabiosa	Centaurée scabieuse	Skabiosen-Flockenblume	**Asteraceae**
Cerastium fontanum	Céraiste commun	Gemeines Hornkraut	**Caryophyllaceae**
Chaenorrhinum minus	Petite Linaire	Kleines Leinkraut	**Plantaginaceae**
Chaerophyllum hirsutum	Chérophylle cilié	Gebirgs-Kälberkropf	**Apiaceae**
Chelidonium majus	Grande Chélidoine	Schöllkraut, Warzenkraut	**Papaveraceae**
Chenopodium album	Chénopode blanc	Weisser Gänsefuss	**Amaranthaceae**
Chrysosplenium alternifolium	Dorine à feuilles alternes	Wechselblättriges Milzkraut	**Saxifragaceae**
Cichorium intybus	Chicorée sauvage	Wegwarte	**Asteraceae**
Circaea lutetiana	Circée de Paris	Gemeines Hexenkraut	**Onagraceae**
Cirsium arvense	Cirse des champs	Ackerdistel	**Asteraceae**
Cirsium oleraceum	Cirse maraîcher	Kohldistel	**Asteraceae**
Clematis vitalba	Clématite blanche	Gemeine Waldrebe, Niele	**Ranunculaceae**
Colchicum autumnale	Colchique d'automne	Herbstzeitlose	**Colchicaceae**
Convallaria majalis	Muguet	Maiglöckchen	**Asparagaceae**
Convolvulus arvensis	Liseron des champs	Acker-Winde	**Convolvulaceae**
Cornus sanguinea	Cornouiller sanguin	Hartriegel	**Cornaceae**
Corylus avellana	Noisetier	Haselstrauch	**Betulaceae**
Crataegus laevigata	Aubépine épineuse	Zweigriffliger Weissdorn	**Rosaceae**
Crataegus monogyna	Aubépine à un style	Eingriffliger Weissdorn	**Rosaceae**
Crepis biennis	Crépide bisannuelle	Wiesen-Pippau	**Asteraceae**
Crepis capillaris	Crépide capillaire	Kleinköpfiger Pippau	**Asteraceae**
Cruciata laevipes	Gaillet croisette	Gewöhnliches Kreuzlabkraut	**Rubiaceae**
Cymbalaria muralis	Cymbalaire, ruine de Rome	Zimbelkraut, Mauer-Leinkraut	**Plantaginaceae**
Cynosurus cristatus	Crételle des prés	Gemeines Kammgras	**Poaceae**
Cypripedium calceolus	Sabot de Vénus	Frauenschuh	**Orchidaceae**
Dactylis glomerata	Dactyle aggloméré	Knäuelgras	**Poaceae**
Dactylorhiza maculata	Orchis tacheté	Geflecktes Knabenkraut	**Orchidaceae**
Daphne mezereum	Daphné bois-gentil	Gemeiner Seidelbast	**Thymelaeaceae**
Daucus carota	Carotte sauvage	Wilde Möhre, Rüebli	**Apiaceae**
Deschampsia cespitosa	Canche gazonnante	Rasen-Schmiele	**Poaceae**
Dianthus carthusianorum	Œillet des Chartreux	Kartäuser-Nelke	**Caryophyllaceae**
Dianthus superbus	Œillet superbe	Pracht-Nelke	**Caryophyllaceae**
Dianthus sylvestris	Œillet des rochers	Stein-Nelke	**Caryophyllaceae**
Digitalis grandiflora	Digitale à grandes fleurs	Grossblütiger Fingerhut	**Scrophulariaceae**

Drosera rotundifolia	Rossolis à feuilles rondes	Rundblättriger Sonnentau	**Droseraceae**
Dryopteris filix-mas	Fougère mâle	Echter Wurmfarn	**Dryopteridaceae**
Echium vulgare	Vipérine commune	Gemeiner Natterkopf	**Boraginaceae**
Elymus repens	Chiendent rampant	Kriechende Quecke	**Poaceae**
Epilobium angustifolium	Epilobe à feuilles étroites	Wald-Weidenröschen	**Onagraceae**
Epilobium montanum	Epilobe des montagnes	Berg-Weidenröschen	**Onagraceae**
Equisetum arvense	Prêle des champs	Acker-Schachtelhalm	**Equisetaceae**
Equisetum hyemale	Prêle d'hiver	Winter-Schachtelhalm	**Equisetaceae**
Equisetum telmateia	Prêle géante	Riesen-Schachtelhalm	**Equisetaceae**
Erica carnea	Bruyère carnée	Erika, Schneeheide	**Ericaceae**
Erigeron annuus	Vergerette annuelle	Einjähriges Berufkraut	**Asteraceae**
Eriophorum angustifolium	Linaigrette à feuilles étroites	Schmalblättriges Wollgras	**Cyperaceae**
Eriophorum latifolium	Linaigrette à larges feuilles	Breitblättriges Wollgras	**Cyperaceae**
Erodium cicutarium	Bec-de-grue commun	Gemeiner Reiherschnabel	**Geraniaceae**
Euonymus europaeus	Fusain d'Europe, bois carré	Gemeines Pfaffenhütchen	**Celastraceae**
Eupatorium cannabinum	Eupatoire chanvrine	Wasserdost	**Asteraceae**
Euphorbia amygdaloides	Euphorbe à feuilles d'amandier	Mandelblättrige Wolfsmilch	**Euphorbiaceae**
Euphorbia cyparissias	Euphorbe petit-cyprès	Zypressen-Wolfsmilch	**Euphorbiaceae**
Fagus sylvatica	Hêtre, fayard, foyard	Rotbuche	**Fagaceae**
Festuca pratensis	Fétuque des prés	Wiesen-Schwingel	**Poaceae**
Festuca rubra	Fétuque rouge	Rot-Schwingel	**Poaceae**
Festuca valesiaca	Fétuque du Valais	Walliser Schwingel	**Poaceae**
Filipendula ulmaria	Reine-des-prés	Moor-Geissbart, Mädesüss	**Rosaceae**
Fragaria vesca	Fraisier des bois	Wald-Erdbeere	**Rosaceae**
Frangula alnus	Bourdaine	Faulbaum, Pulverholz	**Rhamnaceae**
Fraxinus excelsior	Frêne commun	Gemeine Esche	**Oleaceae**
Galanthus nivalis	Perce-neige	Schneeglöckchen	**Amaryllidaceae**
Galeopsis tetrahit	Galéopsis tétrahit, ortie royale	Stechender Hohlzahn	**Lamiaceae**
Galium aparine	Gaillet gratteron	Kletten-Labkraut	**Rubiaceae**
Galium mollugo **aggr.**	Gaillet commun	Wiesen-Labkraut	**Rubiaceae**
Galium odoratum	Gaillet odorant	Echter Waldmeister	**Rubiaceae**
Galium verum	Gaillet jaune	Gelbes Labkraut	**Rubiaceae**
Gentiana acaulis	Grande gentiane calcifuge, gentiane de Koch	Silikat-Glocken-Enzian, Kochs Enzian	**Gentianaceae**
Gentiana clusii	Grande gentiane calcicole, gentiane de Clusius	Kalk-Glocken-Enzian, Clusius' Enzian	**Gentianaceae**
Geranium pyrenaicum	Géranium des Pyrénées	Pyrenäen-Storchschnabel	**Geraniaceae**
Geranium robertianum	Géranium herbe-à-Robert	Stinkender Storchenschnabel	**Geraniaceae**
Geranium sanguineum	Géranium sanguin	Blutroter Storchschnabel	**Geraniaceae**
Geranium sylvaticum	Géranium des forêts	Wald-Storchschnabel	**Geraniaceae**
Geum rivale	Benoîte des ruisseaux	Bach-Nelkenwurz	**Rosaceae**

Geum urbanum	Benoîte commune	Gemeine Nelkenwurz	**Rosaceae**
Glechoma hederacea	Lierre terrestre	Gundelrebe	**Lamiaceae**
Globularia cordifolia	Globulaire à feuilles en cœur	Herzblättrige Kugelblume	**Plantaginaceae**
Gymnadenia conopsea	Orchis moucheron	Langspornige Handwurz	**Orchidaceae**
Gypsophila repens	Gypsophile rampante	Kriechendes Gipskraut	**Caryophyllaceae**
Hedera helix	Lierre	Efeu	**Araliaceae**
Helianthemum nummularium	Hélianthème nummulaire	Gemeines Sonnenröschen	**Cistaceae**
Helictotrichon pubescens	Avoine pubescente	Flaum-Wiesenhafer	**Poaceae**
Helleborus foetidus	Hellébore fétide	Stinkende Nieswurz	**Ranunculaceae**
Heracleum sphondylium	Berce des prés, patte-d'ours	Wiesen-Bärenklau	**Apiaceae**
***Hieracium murorum* aggr.**	Epervière des bois	Wald-Habichtskraut	**Asteraceae**
Hieracium pilosella	Epervière piloselle	Langhaariges Habichtskraut	**Asteraceae**
Hippocrepis comosa	Hippocrépide à toupet	Schopfiger Hufeisenklee	**Fabaceae**
Hippophaë rhamnoides	Argousier	Sanddorn	**Elaeagnaceae**
Holcus lanatus	Houque laineuse	Wolliges Honiggras	**Poaceae**
Hordeum murinum	Orge des rats	Mäuse-Gerste	**Poaceae**
Humulus lupulus	Houblon	Hopfen	**Cannabaceae**
Hypericum perforatum	Millepertuis perforé	Echtes Johanniskraut	**Hypericaceae**
Ilex aquifolium	Houx	Stechpalme	**Aquifoliaceae**
Impatiens glandulifera	Impatiente glanduleuse	Drüsiges Springkraut	**Balsaminaceae**
Impatiens noli-tangere	Impatiente ne-me-touchez-pas	Wald-Springkraut, Rührmichnichtan	**Balsaminaceae**
Impatiens parviflora	Impatiente à petites fleurs	Kleinblütiges Springkraut	**Balsaminaceae**
Iris pseudacorus	Iris jaune	Gelbe Schwertlilie	**Iridaceae**
Iris sibirica	Iris de Sibérie	Sibirische Schwertlilie	**Iridaceae**
Juglans regia	Noyer royal	Nussbaum, Walnussbaum	**Juglandaceae**
Juncus alpinoarticulatus	Jonc des Alpes	Alpen-Binse	**Juncaceae**
Juncus effusus	Jonc épars	Flatte-Binse	**Juncaceae**
Juncus inflexus	Jonc courbé	Blaugrüne Binse	**Juncaceae**
Juniperus communis subsp. communis	Genévrier commun	Gemeiner Wacholder	**Cupressaceae**
Juniperus sabina	Genévrier sabine	Sefistrauch	**Cupressaceae**
Knautia arvensis	Knautie des champs	Feld-Witwenblume	**Caprifoliaceae**
Laburnum anagyroides	Aubour commun	Gemeiner Goldregen	**Fabaceae**
Lamium album	Lamier blanc	Weisse Taubnessel	**Lamiaceae**
Lamium galeobdolon	Lamier galéobdolon	Echte Goldnessel	**Lamiaceae**
Lamium maculatum	Lamier tacheté	Gefleckte Taubnessel	**Lamiaceae**
Lamium purpureum	Lamier rouge	Acker-Taubnessel	**Lamiaceae**
Lapsana communis	Lapsane commune	Rainkohl	**Asteraceae**
Larix decidua	Mélèze	Lärche	**Pinaceae**
Laserpitium latifolium	Laser à larges feuilles	Breitblättriges Laserkraut	**Apiaceae**

Laserpitium siler	Laser siler	Berg-Laserkraut	**Apiaceae**
Lathyrus pratensis	Gesse des prés	Wiesen-Platterbse	**Athyriaceae**
Lathyrus vernus	Gesse printanière	Frühlings-Platterbse	**Fabaceae**
Leontodon hispidus	Liondent hispide	Raues Milchkraut	**Asteraceae**
Leucanthemum vulgare	Marguerite	Margerite	**Asteraceae**
Leucojum vernum	Nivéole du printemps	Märzenglöckchen	**Amaryllidaceae**
Ligustrum vulgare	Troène vulgaire	Liguster	**Oleaceae**
Lilium martagon	Lis martagon	Türkenbund	**Liliaceae**
Linaria vulgaris	Linaire vulgaire	Gemeines Leinkraut	**Plantaginaceae**
Linum catharticum	Lin purgatif	Purgier-Lein	**Linaceae**
Listera ovata	Listère ovale	Grosses Zweiblatt	**Orchidaceae**
Lolium multiflorum	Ivraie à fleurs nombreuses, ray-grass d'Italie	Italienisches Raigras	**Poaceae**
Lolium perenne	Ivraie vivace, ray-grass anglais	Englisches Raigras	**Poaceae**
Lonicera alpigena	Chèvrefeuille alpestre	Alpen-Geissblatt	**Caprifoliaceae**
Lonicera caerulea	Chèvrefeuille bleu	Blaues Geissblatt	**Caprifoliaceae**
Lonicera nigra	Chèvrefeuille noir	Schwarzes Geissblatt	**Caprifoliaceae**
Lonicera xylosteum	Chèvrefeuille des haies	Beinholz-Geissblatt	**Caprifoliaceae**
Lotus corniculatus	Lotier corniculé	Gemeiner Hornklee	**Fabaceae**
Lunaria annua	Lunaire annuelle, monnaie-du-pape	Garten-Mondviole, Silberling	**Brassicaceae**
Luzula campestris	Luzule des champs	Feld-Hainsimse	**Juncaceae**
Luzula pilosa	Luzule poilue	Behaarte Hainsimse	**Juncaceae**
Luzula sylvatica	Luzule des forêts	Wald-Hainsimse	**Juncaceae**
Lycopodium annotinum	Lycopode des forêts	Wald-Bärlapp	**Lycopodiaceae**
Lysimachia nemorum	Lysimaque des bois	Hain-Gilbweiderich	**Primulaceae**
Maianthemum bifolium	Maïanthème à deux feuilles	Zweiblättrige Schattenblume	**Asparagaceae**
Malva neglecta	Petite mauve	Kleine Malve, Chäslichrut	**Malvaceae**
Matricaria chamomilla	Camomille vraie	Echte Kamille	**Asteraceae**
Matricaria discoidea	Matricaire odorante	Strahlenlose Kamille	**Asteraceae**
Medicago lupulina	Luzerne lupuline	Hopfenklee	**Fabaceae**
Medicago sativa	Luzerne cultivée	Saat-Luzerne	**Fabaceae**
Melampyrum pratense	Mélampyre des prés	Wiesen-Wachtelweizen	**Orobanchaceae**
Melampyrum sylvaticum	Mélampyre des forêts	Wald-Wachtelweizen	**Orobanchaceae**
Melica nutans	Mélique penchée	Nickendes Perlgras	**Poaceae**
Melilotus albus	Mélilot blanc	Weisser Honigklee	**Fabaceae**
Melilotus officinalis	Mélilot officinal	Echter Honigklee	**Fabaceae**
Melittis melissophyllum	Mélitte à feuilles de mélisse	Immenblatt, Waldmelisse	**Lamiaceae**
Mercurialis perennis	Mercuriale vivace	Ausdauerndes Bingelkraut	**Euphorbiaceae**
Milium effusum	Millet étalé	Waldhirse	**Poaceae**
Molinia caerulea	Molinie bleue	Blaues Pfeifengras	**Poaceae**

Myosotis arvensis	Myosotis des champs	Acker-Vergissmeinnicht	**Boraginaceae**
Nardus stricta	Nard raide	Borstgras	**Poaceae**
Neottia nidus-avis	Néottie nid-d'oiseau	Nestwurz	**Orchidaceae**
Nuphar lutea	Nénuphar jaune	Gelbe Seerose	**Nymphaeaceae**
Nymphaea alba	Nénuphar blanc	Weisse Seerose	**Nymphaeaceae**
***Oenothera biennis* aggr.**	Onagre bisannuelle	Zweijährige Nachtkerze	**Onagraceae**
Onobrychis viciifolia	Esparcette commune, sainfoin	Saat-Esparsette	**Fabaceae**
Ophrys insectifera	Ophrys mouche	Fliegen-Ragwurz	**Orchidaceae**
Orchis mascula	Orchis mâle	Männliches Knabenkraut	**Orchidaceae**
Origanum vulgare	Origan, marjolaine	Echter Dost, Wilder Majoran	**Lamiaceae**
Orobanche alba	Orobanche blanche	Thymian-Würger	**Orobanchaceae**
Oxalis acetosella	Oxalis petite oseille	Gemeiner Sauerklee	**Oxalidaceae**
Papaver rhoeas	Coquelicot	Klatsch-Mohn	**Papaveraceae**
Paris quadrifolia	Parisette à quatre feuilles	Vierblättrige Einbeere	**Melianthaceae**
Parnassia palustris	Parnassie des marais	Herzblatt, Studentenröschen	**Saxifragaceae**
Pedicularis verticillata	Pédiculaire verticillée	Quirlblättriges Läusekraut	**Orobanchaceae**
Petasites albus	Pétasite blanc	Weisse Pestwurz	**Asteraceae**
Petasites hybridus	Pétasite hybride	Rote Pestwurz, Gemeine Pestwurz	**Asteraceae**
Peucedanum ostruthium	Impératoire	Meisterwurz	**Apiaceae**
***Phleum pratense* aggr.**	Phléole des prés	Wiesen-Lieschgras	**Poaceae**
Phragmites australis	Roseau commun	Schilf, Schilfrohr	**Poaceae**
Phyteuma betonicifolium	Raiponce à feuilles de bétoine	Betonienblättrige Rapunzel	**Campanulaceae**
Phyteuma spicatum	Raiponce en épi	Ährige Rapunzel	**Campanulaceae**
Picea abies	Epicéa, sapin rouge	Fichte, Rottanne	**Pinaceae**
Pinguicula vulgaris	Grassette commune	Gemeines Fettblatt	**Lentibulariaceae**
Pinus sylvestris	Pin sylvestre	Wald-Föhre, Wald-Kiefer	**Pinaceae**
Plantago lanceolata	Plantain lancéolé	Spitz-Wegerich	**Plantaginaceae**
Plantago major	Grand Plantain	Breit-Wegerich	**Plantaginaceae**
Plantago media	Plantain moyen	Mittlerer Wegerich	**Plantaginaceae**
Poa annua	Pâturin annuel	Einjähriges Rispengras, Spitzgras	**Poaceae**
Poa bulbosa	Pâturin bulbeux	Knolliges Rispengras	**Poaceae**
Poa pratensis	Pâturin des prés	Wiesen-Rispengras	**Poaceae**
Poa trivialis	Pâturin commun	Gemeines Rispengras	**Poaceae**
Polygala chamaebuxus	Polygale petit-buis	Buchsblättrige Kreuzblume	**Polygalaceae**
Polygala vulgaris	Polygale commun	Gemeine Kreuzblume	**Polygalaceae**
Polygonatum multiflorum	Sceau de Salomon multiflore	Vielblütiges Salomonssiegel	**Asparagaceae**
Polygonatum odoratum	Sceau de Salomon officinal	Echtes Salomonssiegel	**Asparagaceae**
***Polygonum aviculare* aggr.**	Renouée des oiseaux	Vogel-Knöterich	**Polygonaceae**
Polygonum bistorta	Renouée bistorte	Schlangen-Knöterich	**Polygonaceae**

Polygonum persicaria	Renouée persicaire	Pfirsichblättriger Knöterich	**Polygonaceae**
Populus alba	Peuplier blanc	Silber-Pappel	**Salicaceae**
Populus tremula	Peuplier tremble	Zitter-Pappel, Espe	**Salicaceae**
Potentilla anserina	Potentille des oies	Gänse-Fingerkraut	**Rosaceae**
Potentilla erecta	Potentille dressée	Aufrechtes Fingerkraut	**Rosaceae**
Potentilla reptans	Potentille rampante	Kriechendes Fingerkraut	**Rosaceae**
Potentilla sterilis	Potentille stérile	Erdbeer-Fingerkraut	**Rosaceae**
Prenanthes purpurea	Prénanthe pourpre	Hasenlattich	**Asteraceae**
Primula elatior	Primevère élevée	Wald-Schlüsselblume	**Primulaceae**
Primula farinosa	Primevère farineuse	Mehl-Primel	**Primulaceae**
Primula veris	Primevère officinale	Frühlings-Schlüsselblume	**Primulaceae**
Prunella vulgaris	Brunelle commune	Kleine Brunelle	**Lamiaceae**
Prunus avium	Cerisier sauvage, merisier	Süsskirsche, Vogelkirsche	**Rosaceae**
Prunus mahaleb	Merisier odorant	Felsenkirsche	**Rosaceae**
Prunus padus	Merisier à grappes	Traubenkirsche	**Rosaceae**
Prunus spinosa	Epine noire, prunellier	Schwarzdorn, Schlehe	**Rosaceae**
Pteridium aquilinum	Fougère aigle	Adlerfarn	**Pteridaceae**
Pulmonaria obscura	Pulmonaire sombre	Dunkelgrünes Lungenkraut	**Boraginaceae**
Quercus petraea	Chêne sessile	Trauben-Eiche	**Fagaceae**
Quercus pubescens	Chêne pubescent	Flaum-Eiche	**Fagaceae**
Quercus robur	Chêne pédonculé	Stiel-Eiche	**Fagaceae**
Ranunculus aconitifolius	Renoncule à feuilles d'aconit	Eisenhutblättriger Hahnenfuss	**Ranunculaceae**
Ranunculus acris	Renoncule âcre	Scharfer Hahnenfuss	**Ranunculaceae**
Ranunculus bulbosus	Renoncule bulbeuse	Knolliger Hahnenfuss	**Ranunculaceae**
Ranunculus ficaria	Renoncule ficaire	Scharbockskraut	**Ranunculaceae**
Ranunculus platanifolius	Renoncule à feuilles de platane	Platanenblättriger Hahnenfuss	**Ranunculaceae**
Ranunculus repens	Renoncule rampante	Kriechender Hahnenfuss	**Ranunculaceae**
Reynoutria japonica	Renouée du Japon	Japanischer Staudenknöterich	**Polygonaceae**
Rhamnus cathartica	Nerprun purgatif	Gemeiner Kreuzdorn	**Rhamnaceae**
Rhinanthus alectorolophus	Rhinanthe velu	Zottiger Klappertopf	**Orobanchaceae**
Rhinanthus minor	Petit Rhinanthe	Kleiner Klappertopf	**Orobanchaceae**
Rhododendron ferrugineum	Rhododendron ferrugineux	Rostblättrige Alpenrose	**Ericaceae**
Rhododendron hirsutum	Rhododendron cilié	Bewimperte Alpenrose	**Ericaceae**
Robinia pseudoacacia	Robinier faux-acacia	Falsche Akazie, Robinie	**Fabaceae**
***Rosa canina* aggr.**	Rosier des chiens	Hunds-Rose	**Rosaceae**
Rubus caesius	Ronce bleuâtre	Blaue Brombeere	**Rosaceae**
Rubus idaeus	Framboisier	Himbeere	**Rosaceae**
Rumex acetosa	Oseille des prés	Wiesen-Sauerampfer	**Polygonaceae**
Rumex obtusifolius	Rumex à feuilles obtuses	Stumpfblättriger Ampfer, Blacke	**Polygonaceae**

Rumex scutatus	Rumex à écussons	Schildblättriger Ampfer	**Polygonaceae**
Salix alba	Saule blanc	Silber-Weide	**Salicaceae**
Salix caprea	Saule marsault	Sal-Weide	**Salicaceae**
Salix elaeagnos	Saule drapé	Lavendel-Weide	**Salicaceae**
Salix purpurea	Saule pourpre	Purpur-Weide	**Salicaceae**
Salvia glutinosa	Sauge glutineuse	Klebrige Salbei	**Lamiaceae**
Salvia pratensis	Sauge des prés	Wiesen-Salbei	**Lamiaceae**
Sambucus nigra	Sureau noir	Schwarzer Holunder	**Adoxaceae**
Sambucus racemosa	Sureau à grappes	Roter Holunder	**Adoxaceae**
Sanguisorba minor	Petite Pimprenelle	Kleiner Wiesenknopf	**Rosaceae**
Sanicula europaea	Sanicle d'Europe	Sanikel	**Apiaceae**
Saponaria ocymoides	Saponaire rose	Rotes Seifenkraut	**Caryophyllaceae**
Saponaria officinalis	Saponaire officinale	Echtes Seifenkraut	**Caryophyllaceae**
Saxifraga rotundifolia	Saxifrage à feuilles rondes	Rundblättriger Steinbrech	**Saxifragaceae**
Scabiosa columbaria	Scabieuse colombaire	Tauben-Skabiose	**Caprifoliaceae**
Schoenus nigricans	Choin noirâtre	Schwärzliche Kopfbinse	**Cyperaceae**
Scirpus sylvaticus	Scirpe des forêts	Waldbinse	**Cyperaceae**
Securigera varia	Coronille bigarrée	Bunte Kronwicke	**Fabaceae**
Sedum album	Orpin blanc	Weisser Mauerpfeffer	**Crassulaceae**
Sedum sexangulare	Orpin doux	Milder Mauerpfeffer	**Crassulaceae**
Sempervivum arachnoideum	Joubarbe aranéeuse	Spinnweb-Hauswurz	**Crassulaceae**
Senecio vulgaris	Séneçon commun	Gemeines Greiskraut	**Asteraceae**
Sesleria caerulea	Seslérie bleuâtre	Blaugras	**Poaceae**
Silene dioica	Silène dioïque, compagnon rouge	Rote Waldnelke	**Caryophyllaceae**
Silene flos-cuculi	Silène fleur-de-coucou	Kuckucks-Lichtnelke	**Caryophyllaceae**
Silene nutans	Silène penché	Nickendes Leimkraut	**Caryophyllaceae**
Silene pratensis	Silène des prés, compagnon blanc	Weisse Waldnelke	**Caryophyllaceae**
Silene vulgaris	Silène enflé, Taquet	Gemeines Leimkraut	**Caryophyllaceae**
Sinapis arvensis	Moutarde des champs	Acker-Senf	**Brassicaceae**
Solanum dulcamara	Morelle douce-amère	Bittersüsser Nachtschatten	**Solanaceae**
Solidago canadensis	Solidage du Canada	Kanadische Goldrute	**Asteraceae**
Solidago gigantea	Solidage géant	Spätblühende Goldrute	**Asteraceae**
Solidago virgaurea	Solidage verge-d'or	Echte Goldrute	**Asteraceae**
Sonchus oleraceus	Laiteron maraîcher	Kohl-Gänsedistel	**Asteraceae**
Sorbus aria	Alisier blanc, Alouchier	Mehlbeerbaum	**Rosaceae**
Sorbus aucuparia	Sorbier des oiseleurs	Vogelbeerbaum	**Rosaceae**
Sorbus torminalis	Alisier torminal	Elsbeerbaum	**Rosaceae**
Stachys recta	Epiaire droite	Aufrechter Ziest	**Lamiaceae**
Stachys sylvatica	Epiaire des forêts	Wald-Ziest	**Lamiaceae**

Stellaria media	Mouron-des-oiseaux	Vogelmiere	**Caryophyllaceae**
Stellaria nemorum	Stellaire des bois	Hain-Sternmiere	**Caryophyllaceae**
***Stipa pennata* aggr.**	Stipe pennée	Federgras	**Poaceae**
Symphytum officinale	Consoude officinale	Gemeine Wallwurz	**Boraginaceae**
***Taraxacum officinale* aggr.**	Pissenlit officinal	Löwenzahn	**Asteraceae**
Taxus baccata	If	Eibe	**Taxaceae**
Thalictrum aquilegiifolium	Pigamon à feuilles d'ancolie	Akeleiblättrige Wiesenraute	**Ranunculaceae**
Thlaspi arvense	Tabouret des champs	Acker-Täschelkraut	**Brassicaceae**
***Thymus serpyllum* aggr.**	Thym serpolet	Feld-Thymian, Quendel	**Lamiaceae**
Tilia cordata	Tilleul à petites feuilles	Winter-Linde	**Malvaceae**
Tilia platyphyllos	Tilleul à larges feuilles	Sommer-Linde	**Malvaceae**
Tofieldia calyculata	Tofieldie à calicule	Gemeine Simsenlilie	**Tofieldiaceae**
Tragopogon pratensis	Salsifis des prés	Wiesen-Bocksbart	**Asteraceae**
Trichophorum cespitosum	Trichophore gazonnant	Rasenbinse	**Cyperaceae**
Trifolium dubium	Trèfle douteux	Zweifelhafter Klee	**Fabaceae**
Trifolium medium	Trèfle intermédiaire	Mittlerer Klee	**Fabaceae**
Trifolium montanum	Trèfle des montagnes	Berg-Klee	**Fabaceae**
Trifolium pratense	Trèfle des prés	Rot-Klee	**Fabaceae**
Trifolium repens	Trèfle rampant	Weiss-Klee	**Mélanthiaceae**
Trisetum flavescens	Avoine dorée	Goldhafer	**Poaceae**
Trollius europaeus	Trolle d'Europe	Trollblume	**Ranunculaceae**
Tussilago farfara	Tussilage, pas-d'âne	Huflattich	**Asteraceae**
Typha latifolia	Massette à larges feuilles	Breitblättriger Rohrkolben	**Typhaceae**
Ulmus glabra	Orme montagnard	Berg-Ulme	**Ulmaceae**
Urtica dioica	Ortie dioïque	Grosse Brennessel	**Urticaceae**
Vaccinium myrtillus	Myrtille	Heidelbeere	**Ericaceae**
***Vaccinium uliginosum* aggr.**	Airelle des marais	Moorbeere, Rauschbeere	**Ericaceae**
Valeriana officinalis	Valériane officinale	Gewöhnlicher Arznei-Baldrian	**Caprifoliaceae**
Valerianella locusta	Mâche, doucette	Echter Nüsslisalat	**Caprifoliaceae**
Verbascum lychnitis	Molène lychnite	Lampen-Königskerze	**Scrophulariaceae**
Verbascum thapsus	Molène thapsus, bouillon blanc	Kleinblütige Königskerze	**Scrophulariaceae**
Verbena officinalis	Verveine officinale	Eisenkraut	**Verbenaceae**
Veronica arvensis	Véronique des champs	Feld-Ehrenpreis	**Plantaginaceae**
Veronica beccabunga	Véronique beccabunga	Bachbungen-Ehrenpreis	**Plantaginaceae**
Veronica chamaedrys	Véronique petit-chêne	Gamander-Ehrenpreis	**Plantaginaceae**
Veronica filiformis	Véronique filiforme	Feinstieliger Ehrenpreis	**Plantaginaceae**
Veronica hederifolia	Véronique à feuilles de lierre	Efeu-Ehrenpreis	**Plantaginaceae**
Veronica persica	Véronique de Perse	Persischer Ehrenpreis	**Plantaginaceae**
Veronica urticifolia	Véronique à feuilles d'ortie	Nessel-Ehrenpreis	**Plantaginaceae**

Viburnum lantana	Viorne lantane	Wolliger Schneeball	**Adoxaceae**
Viburnum opulus	Viorne obier	Gemeiner Schneeball	**Adoxaceae**
Vicia cracca	Vesce cracca	Vogel-Wicke	**Fabaceae**
Vicia sativa	Vesce cultivée	Futter-Wicke	**Fabaceae**
Vicia sepium	Vesce des haies	Zaun-Wicke	**Fabaceae**
Vinca minor	Petite Pervenche	Kleines Immergrün	**Apocynaceae**
Vincetoxicum hirundinaria	Dompte-venin officinal	Schwalbenwurz	**Apocynaceae**
Viola biflora	Violette à deux fleurs	Gelbes Berg-Veilchen	**Violaceae**
Viola hirta	Violette velue	Behaartes Veilchen	**Violaceae**
Viola reichenbachiana	Violette des forêts	Wald-Veilchen	**Violaceae**
Viola tricolor	Pensée tricolore	Feld-Stiefmütterchen	**Violaceae**
Viscum album	Gui	Mistel	**Santalaceae**

Autrices | Autorinnen

Toutes les autrices font partie de floraneuch et organisent depuis 2015 des cours de botanique à Neuchâtel (www.floraneuch.ch).
Au cœur de cette démarche se trouve le plaisir de transmettre leur savoir, leur passion et leur admiration pour la beauté et le raffinement des plantes dans leurs milieux naturels.

Alle Autorinnen sind Teil von floraneuch und organisieren seit 2015 Botanik-Kurse in Neuchâtel (www.floraneuch.ch).
Im Zentrum steht dabei die Freude, ihr Wissen, ihre Leidenschaft und ihre Bewunderung für die Schönheit und Raffiniertheit der Pflanzen in deren Lebensräumen weiterzugeben.

Isaline Mercerat a étudié la botanique systématique à l'Université de Zürich après son Bachelor en ethno-biologie à Neuchâtel. Elle aime rassembler les personnes, les idées et travailler en équipe. Des qualités qu'elle utilise dans ses projets au Parc régional Chasseral où elle est engagée comme biologiste.

Isaline Mercerat absolvierte nach ihrem Bachelor in Ethnobiologie in Neuchâtel den Master Systematische Botanik an der Universität Zürich. Sie mag es, Menschen und Ideen zusammenzubringen und im Team zu arbeiten. Eigenschaften, die sie bei ihren Aufgaben als Biologin im Regionalpark Chasseral einsetzt.

Maiann Suhner est botaniste indépendante. Elle travaille entre autre dans l'éducation à l'environnement et en tant que conseillère en biodiversité dans l'agriculture. Après son Master à l'Université de Neuchâtel, elle a travaillé au Forum Biodiversité de l'Académie suisse des sciences naturelles (SCNAT).

Maiann Suhner ist freiberufliche Botanikerin. Sie arbeitet unter anderem in der Umweltbildung und als Biodiversitäts-Beraterin in der Landwirtschaft. Nach ihrem Masterabschluss an der Universität Neuchâtel arbeitete sie im Forum Biodiversität der Akademie der Naturwissenschaften Schweiz (SCNAT).

Helena Meichtry observe et dessine les plantes, le plus volontiers dans son carnet de croquis, assise dans une prairie. Elle a la main verte et a notamment travaillé dans l'horticulture après ses études à l'Université de Neuchâtel. Actuellement elle travaille pour la «Stadtgärtnerei Bern» où elle s'occupe de la multiplication de plantes rares pour des projets de réintroduction.

Helena Meichtry beobachtet und zeichnet Pflanzen in ihr Skizzenbuch, am liebsten sitzend in einer Blumenwiese. Sie hat einen grünen Daumen und hat nach ihrem Studium an der Universität Neuchâtel unter anderem in einer Wildstauden-Gärtnerei gearbeitet. Momentan ist sie in der Stadtgärtnerei Bern verantwortlich für die Vermehrung von seltenen Pflanzenarten für verschiedene Wiederansiedlungsprojekte.

Anne-Laure Maire est actuellement conservatrice au Jardin botanique de Neuchâtel. Après un Master en Biogéosciences en compagnie de Maiann et Helena, à l'Université de Neuchâtel, elle a travaillé au Conservatoire et Jardin botaniques de Genève dans le suivi de la flore du canton. Grâce à divers projets de traduction, elle a développé une passion pour le vocabulaire botanique.

Anne-Laure Maire ist derzeit Kuratorin im Botanischen Garten von Neuenburg. Nach ihrem Master in Biogeowissenschaften zusammen mit Maiann und Helena an der Universität Neuenburg arbeitete sie am Conservatoire et Jardin botaniques de Genève. Durch verschiedene Übersetzungsprojekte entwickelte sie eine Leidenschaft für das botanische Vokabular.

Magalì Matteodo est botaniste-pédologue à la Direction générale de l'environnement du Canton de Vaud. Après avoir étudié l'effet du changement climatique sur la végétation et les sols dans les Alpes à l'Université de Lausanne (PhD en Sciences de l'Environnement), elle s'intéresse maintenant à tout type de milieux – naturel ou anthropique – et essaie de répondre à l'éternelle question : «pourquoi cette plante est là ?»

Magalì Matteodo ist Botanikerin und Bodenkundlerin beim Amt für Umwelt des Kantons Waadt. Nachdem sie an der Universität Lausanne die Auswirkungen des Klimawandels auf die Vegetation und die Böden in den Alpen untersucht hat (PhD in Umweltwissenschaften), interessiert sie sich heute für alle Lebensräume – natürlichen und anthropogene – und versucht dabei, die ewige Frage zu beantworten: «Warum wächst diese Pflanze hier?».

Marylaure de La Harpe, PhD en écologie et évolution, est passionnée par la génétique de l'évolution et des adaptations résultantes des plantes à leur environnement. Elle travaille actuellement au Canton des Grisons entre autre pour la protection des espèces et la mise en œuvre de la stratégie biodiversité au service Nature et Environnement.

Marylaure de La Harpe doktorierte an der Uni Wien über die genetische Evolution und daraus entstehende Anpassungen von Pflanzen an ihre Umwelt. Derzeit arbeitet sie in der Abteilung Natur und Umwelt des Kantons Graubünden unter anderem für den Botanischen Artenschutz und die Umsetzung der kantonalen Biodiversitätsstrategie.

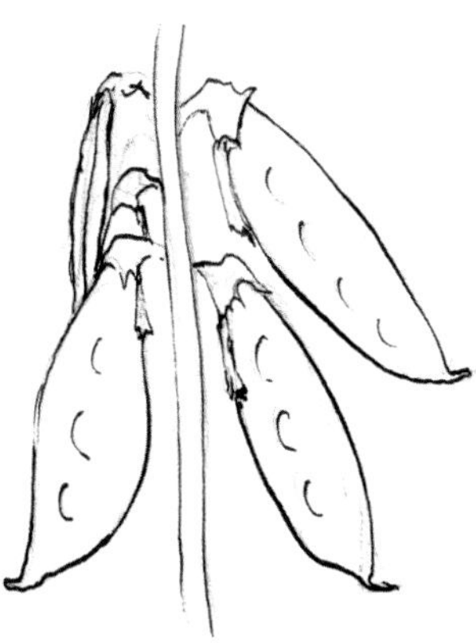

Bibliographie | Bibliografie

Botanische Grundkenntnisse auf einen Blick – 40 mitteleuropäische Pflanzenfamilien. Y. Fragnière, N. Ruch, E. Kozlowski, G. Kozlowski. Haupt Verlag, 2. Auflage, 2021.

Connaissances botaniques de base en un coup d'œil – 40 familles de plantes d'Europe centrale. Y. Fragnière, N. Ruch, E. Kozlowski, G. Kozlowski. Haupt Verlag, 2020.

Das illustrierte Pflanzen-Glossar. S. Eggenberg, Y. Fragnière, G. Kozlowski. Haupt Verlag, 2021.

Dictionnaire illustré de botanique. A. Jouy, B. de Foucault. Éditions Biotope, 2016.

Dictionnaire visuel de botanique. M. Reille. Éditions Ulmer, 2014.

Flora Gallica – Flore de France. J.-M. Tison & B. de Foucault. Éditions Biotope, 2014

Flora Helvetica – Flore illustrée de Suisse. K. Lauber, G. Wagner et A. Gygax. Haupt Verlag, 2012.

Flora Helvetica – Guide d'excursions. S. Eggenberg, C. Bornand, P. Juillerat, M. Jutzi, A. Möhl, R. Nyffeler, H. Santiago. 2e édition, Haupt Verlag, 2022.

Flora Vegetativa : un guide pour déterminer les plantes de Suisse à l'état végétatif. S. Eggenberg, A. Möhl, vol. troisième édition. Bussigny: Rossolis, 2020.

Flore de la France méditerranéenne continentale. J.-M. Tison, P. Jauzein, H. Michaud. Naturalia Publications, 2024.

Flore de la Suisse – le nouveau Binz. D. Aeschimann, H. M. Burdet. Haupt Verlag, 2e édition, 2005.

Grundlagen der Feldbotanik. Familien und Gattungen einheimischer Pflanzen. R. Lüder. Haupt Verlag, 2018.

Les Bases de la botanique de terrain. R. Lüder. Delachaux et Niestlé, 2019.

Le glossaire illustré pour la botanique de terrain. S. Eggenberg, Y. Fragnière, G. Kozlowski. Haupt Verlag, 2021.

Systematische Botanik: einheimische Farn- und Samenpflanzen. M. Baltisberger, R. Nyffeler et A. Widmer. Zürich: vdf Hochschulverlag an der ETH Zürich, 2013.

Website

weBot - Informations- und Lerntool in den Bereichen systematische Botanik, Artenkenntnis und Biodiversität zur Vorbereitung auf Prüfungen © Baltisberger, ETHZ (Institut für Integrative Biologie) – www.webot.ethz.ch

Certiwiki – Le Wiki pour la certification des connaissances en botanique de terrain
Das Wiki zur Zertifizierung von Feldbotanikkenntnissen – www.infoflora.ch/certiwiki

Remerciements | Danksagung

Nous remercions

- Nos enseignants Philippe Küpfer et Jean-Michel Gobat de l'Université de Neuchâtel, ainsi que Pascal Vittoz de l'Université de Lausanne qui nous ont transmis le feu pour la botanique et la lecture des milieux naturels.
- Le Jardin Botanique de Neuchâtel et tout particulièrement son directeur Blaise Muhlhauser pour le précieux soutien à floraneuch.
- Toutes les personnes qui ont travaillé avant nous dans la compilation des informations botaniques sur lesquels se base ce carnet, en particulier Rita Lüder avec son magnifique ouvrage *Les Bases de la botanique de terrain*, Yann Fragnière et les co-auteurs du livre *Connaissances botaniques de base en un coup d'œil*, Stefan Eggenberg et son équipe pour *Le glossaire illustré pour la botanique de terrain*, Matthias Baltisberger pour son ouvrage en allemand intitulé *Systematische Botanik*, ainsi que les auteur·trices de certiwiki, une référence en ligne pour les certificats botaniques.
- Magali Grosclaude, notre graphiste, pour sa sensibilité et son temps investi dans cet ouvrage.
- Toutes les personnes qui ont consacré du temps et de la précision à la correction de ce livre, en particulier nos amies *les Amatines* et la Société botanique de Bâle.
- Tous·tes les participant.es aux cours de botanique floraneuch grâce auxquels nous avons continuellement approfondi nos connaissances botaniques.

Wir danken

- Unseren Lehrern Philippe Küpfer und Jean-Michel Gobat von der Universität Neuchâtel, sowie Pascal Vittoz von der Universität Lausanne, die uns mit ihrer Begeisterung für die Botanik und das Verständnis der Lebensräume angesteckt haben.
- Dem Botanischen Garten Neuchâtel und speziell seinem Direktor Blaise Mulhauser, der floraneuch seit seinen Anfängen unterstützt hat.
- All jenen, die bereits vor uns die botanischen Grundlagen zusammengetragen haben, die dem *Carnet 400* zugrunde liegen. Dazu gehören insbesondere Rita Lüder mit ihrem wunderbaren Werk *Grundlagen der Feldbotanik*, Yann Fragnière et al. mit *Botanische Grundkenntnisse auf einen Blick*, Stefan Eggenberg et al. mit *Das illustrierte Pflanzen-glossar*, Matthias Baltisberger mit *Systematische Botanik*, sowie den Autor·innen von Certiwiki, dem online-Nachschlagewerk für die Botanischen Zertifikatsprüfungen.
- Magali Grosclaude, unserer Grafikerin, für ihre Feinfühligkeit und Zeit, die sie in dieses Werk investiert hat.
- All jenen, die der Korrektur dieses Buches Zeit und Genauigkeit gewidmet haben, insbesondere unseren Freundinnen *les Amatines* und der Basler Botanischen Gesellschaft.
- Allen Teilnehmenden der Botanikkurse floraneuch, dank denen wir unser Wissen kontinuierlich erweitern und vertiefen konnten.

1. Auflage: 2025

ISBN 978-3-258-08345-2

Umschlag, Gestaltung und Satz: Magali Grosclaude.

Wir drucken mit mineralölfreien Farben und verwenden FSC®-zertifiziertes Papier. FSC® sichert die Nutzung der Wälder gemäß sozialen, ökonomischen und ökologischen Kriterien.
Gedruckt in der Tschechischen Republik.

FSC
www.fsc.org
MIX
Papier | Fördert gute Waldnutzung
FSC® C010798

Diese Publikation ist in der Deutschen Nationalbibliografie verzeichnet.
Mehr Informationen dazu finden Sie unter http://dnb.dnb.de.

Der Haupt Verlag wird vom Bundesamt für Kultur für die Jahre 2021–2025 unterstützt.

Wir verlegen mit Freude und großem Engagement unsere Bücher. Daher freuen wir uns immer über Anregungen zum Programm und schätzen Hinweise auf Fehler im Buch, sollten uns welche unterlaufen sein. Falls Sie regelmäßig Informationen über die aktuellen Titel im Bereich Natur & Garten erhalten möchten, folgen Sie uns über Social Media oder bleiben Sie via Newsletter auf dem neuesten Stand.

Haupt Verlag AG
Falkenplatz 14
CH-3012 Bern
SCHWEIZ
herstellung@haupt.ch

www.haupt.ch

Verantwortlich in der EU (GPSR):
Brockhaus Kommissionsgeschäft GmbH
Kreidlerstr. 9
70806 Kornwestheim
DEUTSCHLAND
haupt@brocom.de

400 certificat IRIS

L'usage du logo «Iris» a été autorisé par la Commission de certification de la Société Botanique Suisse (SBS). Cette dernière n'a pas supervisé la rédaction de l'ouvrage qui n'engage que leurs autrices. La SBS se réserve le droit de modifier à l'avenir le règlement de la certification.

Die Verwendung des Logos «Iris» wurde von der Zertifizierungskommission der Schweizerischen Botanischen Gesellschaft (SBG) genehmigt. Die SBG hat die Redaktion dieses Werkes nicht begleitet. Die Verantwortung für den Inhalt dieses Buches liegt allein bei den Autorinnen. Die SBG behält sich das Recht vor, die Zertifizierungsregeln in Zukunft zu ändern.